NS-2 无线网络仿真技术研究

王庆文　著

科学出版社

北　京

内 容 简 介

本书针对 NS-2 无线网络仿真入门难的问题，论述 NS-2 仿真基础，系统阐述 NS-2 仿真方法；针对 NS-2 无线网络仿真创新难的问题，系统阐述 NS-2 仿真自组织网络、三维飞行自组织网络和三维水声传感器网络路由协议的方法。

本书可作为通信与信息系统、计算机科学与技术等相关专业的本科生和研究生的教材，也可供从事无线网络的科研人员参考学习。

图书在版编目（CIP）数据

NS-2 无线网络仿真技术研究/王庆文著. —北京：科学出版社，2022.6
ISBN 978-7-03-072257-7

Ⅰ. ①N… Ⅱ. ①王… Ⅲ. ①无线网－仿真－研究 Ⅳ. ①TN92

中国版本图书馆 CIP 数据核字（2022）第 076418 号

责任编辑：魏英杰 / 责任校对：崔向琳
责任印制：吴兆东 / 封面设计：陈 敬

科学出版社出版
北京东黄城根北街 16 号
邮政编码：100717
http://www.sciencep.com
北京中石油彩色印刷有限责任公司 印刷
科学出版社发行 各地新华书店经销
*
2022 年 6 月第 一 版 开本：720×1000 B5
2023 年 9 月第二次印刷 印张：12
字数：242 000

定价：108.00 元

（如有印装质量问题，我社负责调换）

前　言

网络仿真是验证无线网络性能的重要手段之一。NS-2(netweork simulator version 2)是网络仿真领域的翘楚，从诞生之日起一直经久不衰，受到国内外网络仿真领域研究者的广泛关注。原因在于：一是 NS-2 理念先进。NS-2 的 Trace 机制采用大数据的思想，便于分析网络性能。二是 NS-2 架构清晰。NS-2 采用分裂对象模型机制，将仿真脚本和协议实现分开，兼具 C++运行速度快和 OTcl 解释执行不需要编译的优点。三是 NS-2 博大精深。NS-2 可以灵活地提供不同的网络场景，对 Ad Hoc 网络、水声传感器网络、飞行自组织网络、车载自组织网络和卫星网络等典型的无线网络开展系统级的仿真。

真正驾驭 NS-2 是具有挑战性的。NS-2 网络仿真涉及网络仿真思想、Linux 编程、通信理论、协议原理、C++编程和结果分析等多方面的知识，初学者往往有很多知识断点。从 2007 年至今，我运用 NS-2 先后完成国家自然科学基金青年基金(61601475)、中国博士后基金面上项目(2013M542527)、装备发展部重点实验室基金(614210401050317)、航空科学基金(201555U8010)和陕西省自然科学基金(2014JQ8310)等科研项目，并在国内外知名期刊上发表相关研究成果。在项目实施的过程中，我努力把 NS-2 使用得更简单，同时思考从 NS-2 使用者的角度写一本书，介绍并传承 NS-2 的实践经验。

本书既是一本 NS-2 使用工具书，也是一本运用 NS-2 实现空天地海无线网络路由协议的学术著作。本书的第 1 章和第 2 章回答怎样运用 NS-2 进行仿真工作，有利于初学者快速入门。第 1 章阐述 NS-2 仿真基础；第 2 章系统阐述 NS-2 的仿真步骤、协议添加步骤、仿真结果处理和调试步骤。本书的第 3～5 章回答怎样运用 NS-2 实现创新并开展仿真工作，有利于入门者快速提高。其中，第 3 章阐述 NS-2 实现并仿真自组织网络路由协议的方法；第 4 章阐述 NS-2 仿真三维飞行自组织网络路由协议的方法；第 5 章阐述 NS-2 实现并仿真三维水声传感器网络路由协议的方法。

我写这本书的目的是，帮助初学者弥补 NS-2 网络仿真的知识断点，帮助入门者进一步提高使用 NS-2 的水平，实现其想法和协议。

期待更多的研究者加入 NS-2 使用者的阵营，我们一起攻坚克难，使 NS-2 无线网络仿真更简单、更丰富。

限于作者的研究领域，书中难免存在不妥之处，敬请读者批评指正。

作　者

目　录

第 1 章　NS-2 仿真基础

1.1　初识 NS-2

1.1.1　NS-2 的起源

NS 的英文全称是 Network Simulator，翻译为网络仿真器，也称网络模拟器[1-3]。NS-2 是网络仿真器的第 2 个版本。通常认为，NS 源于 UC Berkeley 1989 年开发的 REAL 网络仿真器(REAL network simulator)。REAL 是在哥伦比亚大学开发的 NEST 网络测试平台(network simulation testbed)的基础上实现的，是针对基于 UNIX 系统的网络仿真和设计进行的，主要用于模拟各种网际协议(Internet Protocol，IP)网络。其主要发行版本有 REAL4.0、REAL4.5 和 REAL5.0。1995 年，NS-2 的开发得到美国军方和美国国家科学基金项目的资助，由 UC Berkeley、USC/ISI、Xerox PARC 和 LBNL 合作开发。1995 年 7 月 31 日，NS 推出 v1.0al 版本，此后一直不断有改进和更新。1996 年 11 月 6 日，NS-2 的第一个版本 NS-2.0al 版本推出。此外，2003 年 2 月 26 日发布 ns-2.1b10 版本后，NS-2 改变了版本标注方法，将 NS-2.1b10 作为 NS-2.26。目前，NS-2 的最新版本是 NS-2.35。

1.1.2　NS-2 的原理

1. NS-2 的分裂对象模型

NS-2 是一款面向对象的网络仿真器，本质上是一个离散事件仿真器。NS-2 使用分裂对象模型的开发机制，运用 C++和 OTcl 开发。两种语言采用 TclCL 进行自动连接和映射[4]。NS-2 的分裂对象模型如图 1.1 所示。NS-2 考虑效率和操作便利等因素，将数据通道和控制通道分离。数据通道上的网络组件和事件调度器对象使用 C++编写，并通过 TclCL 映射机制映射到

OTcl，可以减少事件和分组的处置时间。NS-2 可以看作 OTcl 的脚本解释器，包含离散事件调度器、网络组件对象库。离散事件调度器用来控制网络仿真的进程，并在合适的时间激活离散事件队列中的当前事件，执行该离散事件。网络组件用来模拟网络设备或节点的通信，通过制定网络仿真场景和网络仿真进程，交换特定的分组来模拟真实网络情况，并把执行情况记录到 Trace 文件中，通过分析解读 Trace 文件获取网络仿真结果。用户使用简单易用的 Tcl(tool command language)/OTcl 脚本就可以对网络拓扑特性、节点属性、链路属性等各种部件和参数进行快捷便利的配置。NS-2 采用这种分裂对象模型，一方面可以提高网络仿真的效率，加快网络仿真速度；另一方面可以增强网络仿真配置的灵活性和操作的便捷性。

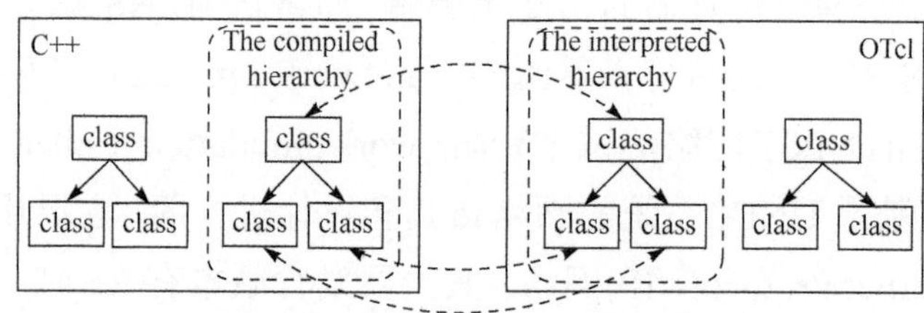

图 1.1　NS-2 的分裂对象模型

2. NS-2 的事件驱动机制

时间相关的仿真，依据对事件的处理方式可以分为时间驱动机制和事件驱动机制。时间驱动机制(图 1.2(a))在每一个固定的时间间隔 Δ 内寻找事件，在 Δ 时间段结束时执行事件。时间驱动机制的性能受时间间隔 Δ 的影响，如果 Δ 太大，则会导致误差；如果 Δ 太小，则会耗费计算机资源。事件驱动机制(图 1.2(b))不需要在固定的时间间隔结束时执行事件，可以在事件发生时刻执行事件，从而避免时间驱动机制存在的问题。事件驱动机制不按照固定的时间间隔进行，可以在任意时间触发和执行事件。

事件驱动有以下四个特点。

① 每个事件都标明了发生时间，并存储在事件列表中。

② 在仿真过程中，从事件列表中检索和删除具有最小时间戳的事件，执行它，并将仿真时钟推进到与检索到的事件相关联的时间戳。

③ 在执行时，一个事件可以触发一个或多个事件。触发的事件被标明发生时间，并存储在事件列表中。为确保仿真不会在时间上倒退，触发事件的时间戳不能小于仿真时钟。

④ 事件驱动的仿真从事件列表中的一组初始事件开始运行，直到列表为空或满足其他停止条件。

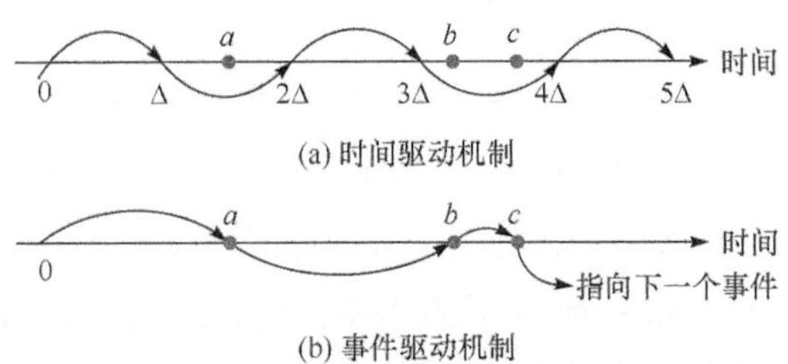

图 1.2　事件驱动机制和事件驱动机制

NS-2 采用事件驱动机制，网络中发生的事件，如发送分组、接收分组和丢弃分组，都会被记录到 Trace 文件中，因此 Trace 文件中的每一条记录都是一个事件。

1.1.3　NS-2 的功能

开发 NS-2 的最初目的是研究大规模网络，以及当前和未来网络协议的交互行为，为仿真研究有线网络和无线网络上的传输控制协议(Transmission Control Protocol, TCP)、路由协议和多播协议等提供强有力的支持。NS-2 功能非常强大，模块丰富，包括网络传输协议，如用户数据报协议(User Datagram Protocol，UDP)和 TCP；业务源流量产生器，如 Telnet、文件传输协议(File Transfer Protocol，FTP)、恒定比特流 (constant bit rate，CBR)、Web 和变比特流 (variable bit rate，VBR)；路由队列管理机制，如随机早期检测(random early detection，RED)、Droptail 和基于分类的队列(class based queueing，CBQ)；路由算法；无线局域网(wireless local area network，WLAN)；移动 IP；卫星通信网络等。

在无线网络仿真领域，NS-2 可以开展 Ad Hoc 网络、飞行自组织网络(flying Ad Hoc networks, FANETs)[5]、车载自组织网络(vehicular Ad Hoc networks, VANETs)、无人机(unmanned aerial vehicle, UAV)辅助 VANETs[6]、

卫星网络和水声传感器网络(underwater acoustic sensor networks, UASNs)的仿真工作[7,8]。总之，NS-2 博大精深，能够仿真空天地海无线网络，验证协议性能，为协议的设计实现提供重要参考。

1.1.4　NS-2 的特点

1. NS-2 能在 Linux 和 Windows 系统上稳定运行

NS-2 能够在 Linux(Fedora、Ubuntu)环境下稳定运行，也能够在 Windows(Windows XP、Windows 7、Windows 10)加 Cygwin 的环境下平稳运行。在 Linux 和 Windows 两个系统上安装的 NS-2 功能完全一致，没有任何不同。相比较而言，Linux 环境下的 NS-2 运行速度快，Windows 环境下的 NS-2 协议设计实现较为方便。在 Windows 环境下，更有利于不熟悉 Linux 环境的初学者快速入门。

2. NS-2 采用 C++和 OTcl 两种开发语言进行开发

NS-2 可以看成一个信息系统，C++相当于后台，OTcl 相当于前台。这样的设计使 NS-2 架构清晰，同时兼具 C++运行速度快和 OTcl 解释执行不需要编译的优点。如果要仿真 NS-2 现有的协议，用户不需要关注后台 C++，只要设计 OTcl 脚本即可。因此，NS-2 的架构非常清晰，便于使用者快速入门。此外，NS-2 的设计思想可以为设计实现网络仿真软件、卫星仿真软件和作战仿真软件提供参考借鉴。

3. NS-2 拥有完善规范的 Trace 机制

NS-2 采用事件驱动机制，将仿真过程中发生的事件记录到 Trace 文件中，通过分析 Trace 文件得出网络协议性能指标。NS-2 为网络协议设计了完善规范的 Trace 格式，用户可以根据需要设计自己的 Trace 格式，也可以直接运用 NS-2 设计的 Trace 格式。Trace 记录的信息较多，仿真过程生成的 Trace 文件会占据一定的存储空间，同时也会消耗一定的时间。随着计算机硬件性能的提高，这些问题都迎刃而解了。

4. NS-2 开放源代码

NS-2 是一款面向对象的、基于离散事件调度机制的开源网络仿真器。

开放源代码使用户可以通过阅读源代码，深刻理解 NS-2 的设计思想，为设计自主可控的网络仿真器提供参考。开放源代码使用户能够阅读通信协议的源代码，为设计实现自己的协议提供参考。通过使用和修改 NS-2 的源代码，用户可以更新和拓展它的功能，为 NS-2 添加新的协议和功能。

5. NS-2 在世界范围内拥有广泛的使用者

近年来，在网络仿真领域，NS-3[9-11]、OMNeT++[12-17]、Qualnet、OPNET[18-22]和 GloMoSim[23,24]等软件不乏使用者，但 NS-2 仍然是网络仿真领域的主流仿真软件之一。据 Reina 等[25]统计，在传统 Ad Hoc 网络的概率广播方案研究领域，使用 NS-2 作为仿真工具的文献占 56%，使用 Qualnet 的文献占 8%，使用 OPNET 的文献占 3%，使用 GloMoSim 的文献占 13%。据 Muhammad 等[26]统计，在无线传感器网络群智能路由协议的仿真领域，使用 NS-2 作为仿真工具的文献占 29%，使用 OPNET 的文献占 4%，使用 OMNeT++的文献占 4%，使用 MATLAB 的文献占 4%，使用自研发仿真器的文献占 29%，没有说明仿真器的文献占 19%。

1.1.5　NS-2 的学习方法

1. 夯实理论基础，补齐知识断点

NS-2 对于初学者而言，有一个陡峭的学习过程，原因在于初学者存在知识断点。这些知识断点主要包括通信理论、仿真理论、NS-2 架构、网络协议设计理论、Linux 环境编程和 C++编程等。补齐知识断点，不是要求初学者系统学习方方面面的知识，而是按照自己的需要学习知识点。

2. 勤于动手操作，积累实践经验

NS-2 是一款开源网络仿真器。学好 NS-2 的关键就是要多动手、多实践，不能停留在思考阶段，这是由开源软件的特点决定的。开源软件并非商业软件，几乎没有完善的指导手册。在学习 NS-2 的过程中，如果我们一开始就积累相关知识，而不去实践，即使花费很长时间也很难入门。只有多摸索，多总结经验，才能真正掌握 NS-2。

3. 去粗取精，有所为有所不为

NS-2 相关资料和书籍非常丰富，要取其精华、去其糟粕，对掌握的资料进行甄别。NS-2 自身的源代码和研究者开发的源代码也非常丰富，同样要甄别利用。在学习研究 NS-2 代码的过程中，要有所为，有所不为，尽量把和研究方向不相关的代码看成黑盒，只关注输入和输出，而不必关注其中的内容，尽量把时间和精力放在相关的研究上。

4. 探索仿真捷径，领悟仿真之道

爬山的方式有多种，如坐索道、按照固有路径、自己选择路径等。以上方式各有各的优点和缺点，坐索道的方式毫无疑问是能最快到达山顶的，但是不能尽情欣赏沿途的风景；按照固有路径可以充分借鉴前人的经验，按部就班地欣赏风景；自己选择路径可以欣赏独特的风景，但是也存在到达不了山顶的风险。如果把 NS-2 网络仿真比作爬山，相应地也存在三种方式。坐索道的方式就是找一篇货真价实的顶级期刊文章，努力复现它，这样就可以快速掌握 NS-2。按照固有路径的方式，就是向相关书籍学习，向熟悉精通 NS-2 网络仿真的研究者请教，这样就能沿着别人的学习路径，少走一些弯路。遗憾的是，目前还缺少高质量的关于 NS-2 网络仿真的书籍，缺少 NS-2 网络仿真交流平台。按自己选择路径的方式，就是结合自己研究领域的实际需要和知识积累，采用自学的方式学习 NS-2。这种方式的好处是能领略别人没有见过的 NS-2 风景，坏处是如果相关知识积累不够，可能事倍功半，半途而废。本书的后续部分尽可能将学习应用 NS-2 的过程展现出来，帮助初学者探索 NS-2 网络仿真捷径，领悟 NS-2 网络仿真之道。

1.2　安装 NS-2

NS-2 在 Linux 操作系统和 Windows 操作系统环境下都能良好地运行。其安装有多种方式。

第一种方式：Fedora/Ubuntu+NS-2。

在计算机上直接安装 Fedora 或者 Ubuntu 操作系统，然后再安装 NS-2。这种方式的好处是用户可以直接体验 Linux 环境，不足之处在于用户要承受

Linux 操作系统界面友好性相对不强，相关开发软件不丰富等。

第二种方式：Windows+VMware+Fedora/Ubuntu+NS-2。

在计算机上安装 Windows 操作系统，然后安装虚拟机 VMware，在虚拟机上安装 NS-2。用户可以利用 Windows 界面友好、相关软件丰富完善等优点，但是在同等硬件配置的情况下，相对第一种方式而言，这种方式的仿真运行速度要慢一些。

第三种方式：Windows+Cygwin+NS-2。

在计算机上安装 Windows 操作系统，如 Windows XP、Windows 7、Window 10，然后在 Windows 上安装 Cygwin，最后在 Cygwin 上安装 NS-2。这种方式能够充分利用 Windows 界面友好、软件资源丰富等优点，不足是没有体验原汁原味的 Linux 操作系统环境。

初学者可以结合自身的实际情况选择 NS-2 的安装方式。对于学习 NS-2 而言，这三种方式殊途同归，并没有本质的影响。在安装好 Fedora、Ubuntu 或者 Cygwin 后，就是安装 NS-2 了。

1.2.1 Fedora 安装 NS-2

在计算机上安装 Fedora 10 可以参考文献[27]，这里不再赘述。

在 Fedora10 系统上安装 NS-2.35 的步骤如下。

(1) 解压缩 ns-allinone-2.34.tar.gz 安装文件

首先，将安装文件拷贝到 home/wqw 目录下，如图 1.3 所示。然后，在终

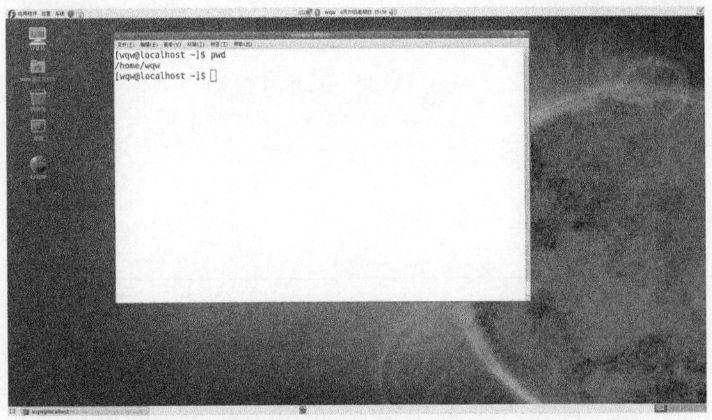

图 1.3 拷贝安装文件到 home/wqw 目录

端键入 tar xvfz ns-allinone-2.34.tar.gz，对安装文件进行解压缩，如图 1.4 所示。

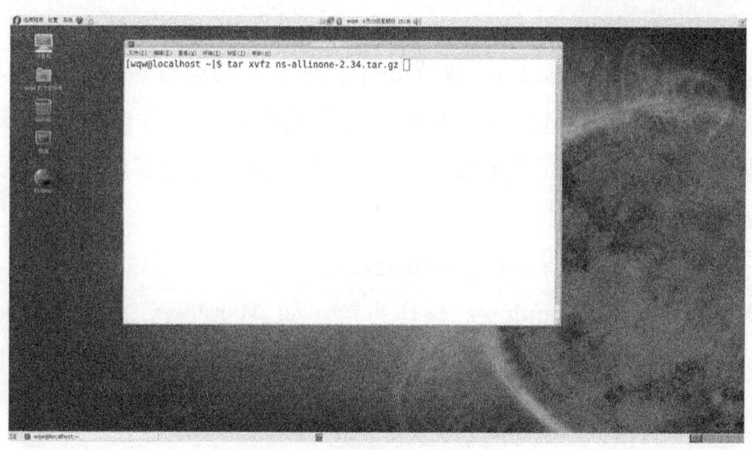

图 1.4　解压缩安装文件

(2) 安装 ns-allinone-2.34

切换到 home/wqw/ns-allinone-2.34 文件夹下，如图 1.5 所示。在终端输入./install，如图 1.6 所示，然后回车。等待一段时间后，出现提示配置环境变量的界面，如图 1.7 所示。

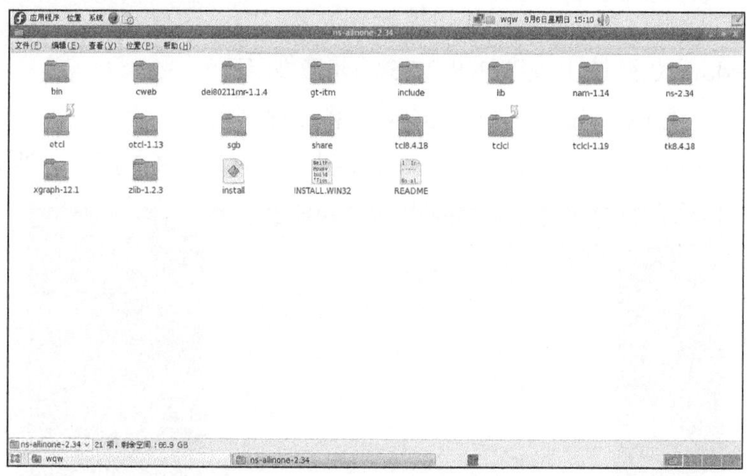

图 1.5　ns-allinone-2.34 文件夹

(3) 配置环境变量

在 home/wqw 目录下，直接输入 gedit.bashrc，即可用文本编辑器打开.bashrc 文件，在这个文件的最后添加如下代码。

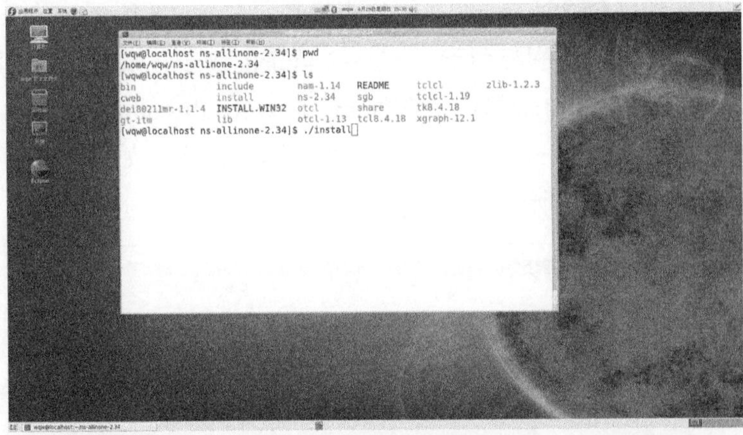

图 1.6　安装 NS-2.34

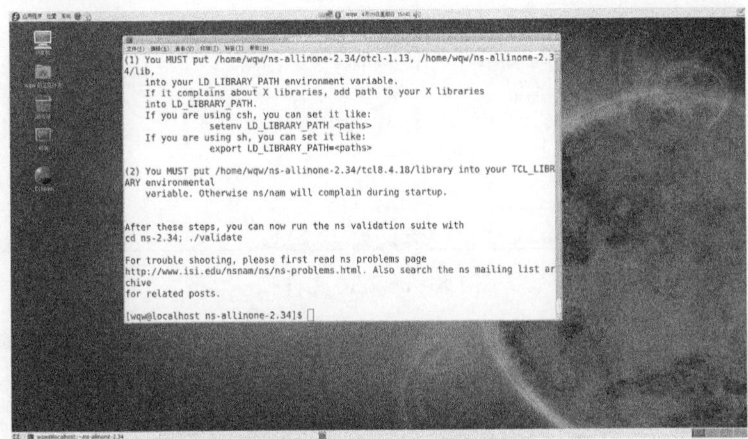

图 1.7　配置环境变量界面

export NS_HOME=/home/wqw/ns-allinone-2.34

export PATH=$NS_HOME/nam-1.14:$NS_HOME/tcl8.4.18/unix:$NS_HOME/tk8.4.18/unix:$NS_HOME/bin:$PATH

export LD_LIBRARY_PATH=$NS_HOME/tcl8.4.18/unix:$NS_HOME/tk8.4.18/unix:$NS_HOME/otcl-1.13:$NS_HOME/lib:$LD_LIBRARY_PATH

export TCL_LIBRARY=$NS_HOME/tcl8.4.18/library

(4) 验证安装是否成功

ns-2.34 文件夹包含所有 NS-2 的仿真模块，如图 1.8 所示。验证 NS-2 是否安装成功，最好的方法是运行一个 NS-2 自带的例子，如果运行成功，就说明安装成功了。NS-2 自带的例子在/home/wqw/ns-allinone-2.34/ns-2.34/tcl/ex 文件夹，在终端运行 ns simple.tcl 例子，如图 1.9 所示。如果 NS-2 安装成功了，就会显示如图 1.10 所示的界面。

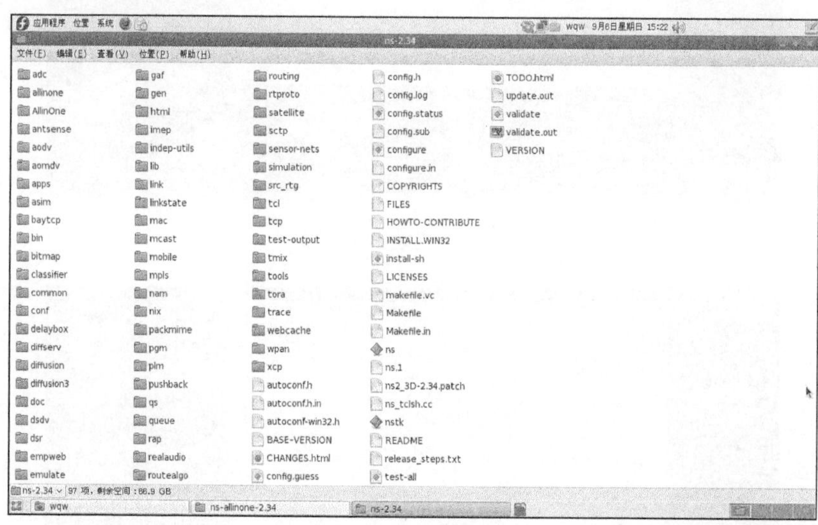

图 1.8　ns-2.34 文件夹

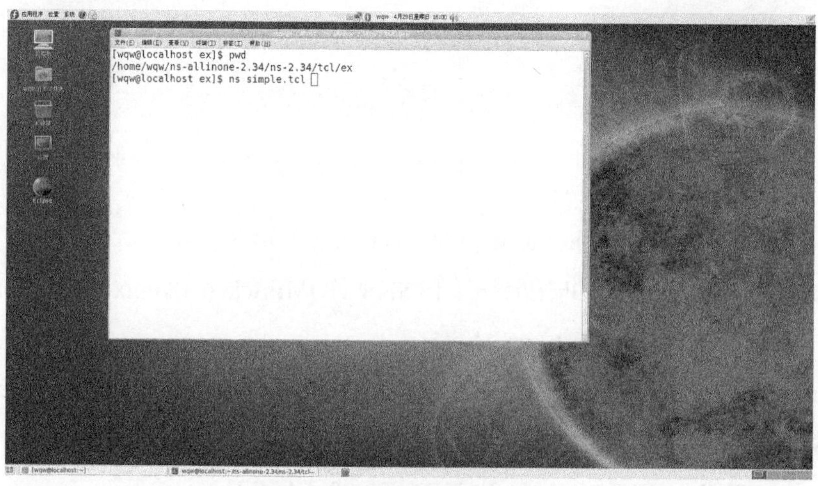

图 1.9　运行 simple.tcl 例子

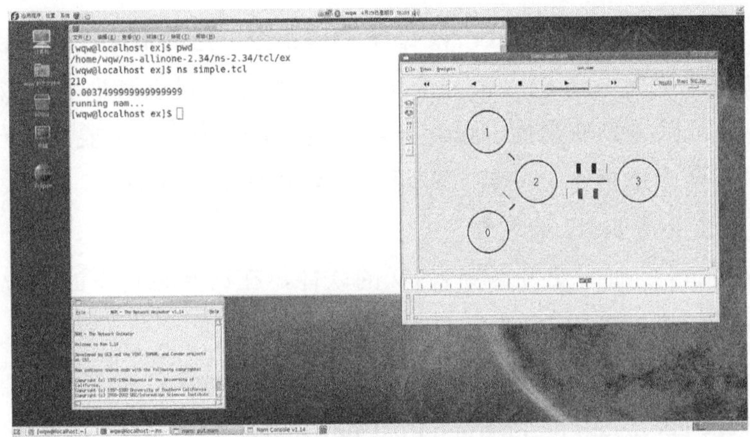

图 1.10　运行成功界面

1.2.2　Ubuntu 安装 NS-2

在 Ubuntu14.04 安装 NS-2.35 的步骤如下。

(1) 更新系统

进入 Ubuntu14.04 系统，打开终端，如图 1.11 所示。用下面的命令更新系统，即

```
sudo apt-get update
```

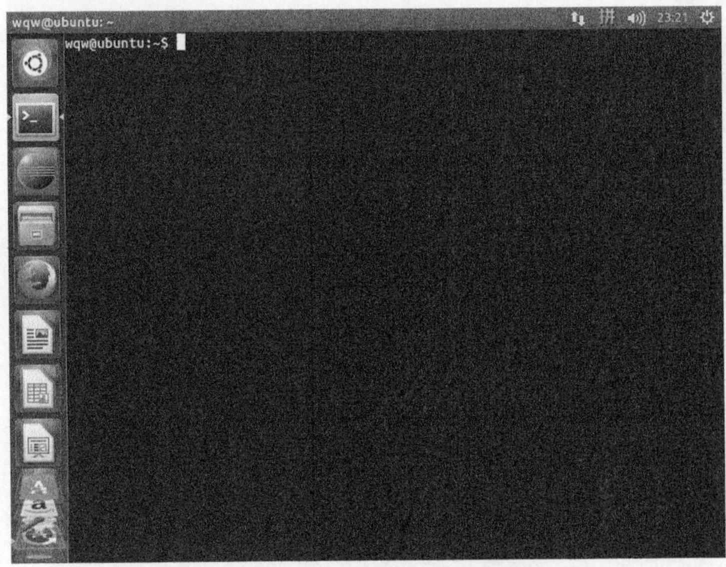

图 1.11　Ubuntu 14.04 终端界面

在上述命令中，sudo 是 Linux 系统管理指令，允许系统管理员让普通用户执行一些或全部 root 命令的一个工具。这样不仅可以减少 root 用户登录和管理，还可以提高安全性。apt-get 是一条 Linux 命令，主要用于自动从互联网的软件仓库中搜索、安装、升级、卸载软件或操作系统。

(2) 安装支持 NS-2 的软件

在安装 NS-2 前，安装支持 NS-2 的软件，在终端运行下面的命令。

```
sudo apt-get install tcl8.5-dev tk8.5-dev
sudo apt-get install build-essential autoconf automake
sudo apt-get install perl xgraph libxt-dev libx11-dev libxmu-dev
```

可以单独运行上述命令，也可以把命令集成到一个 shell 脚本中，在终端一次运行。Shell 命令集成如图 1.12 所示。

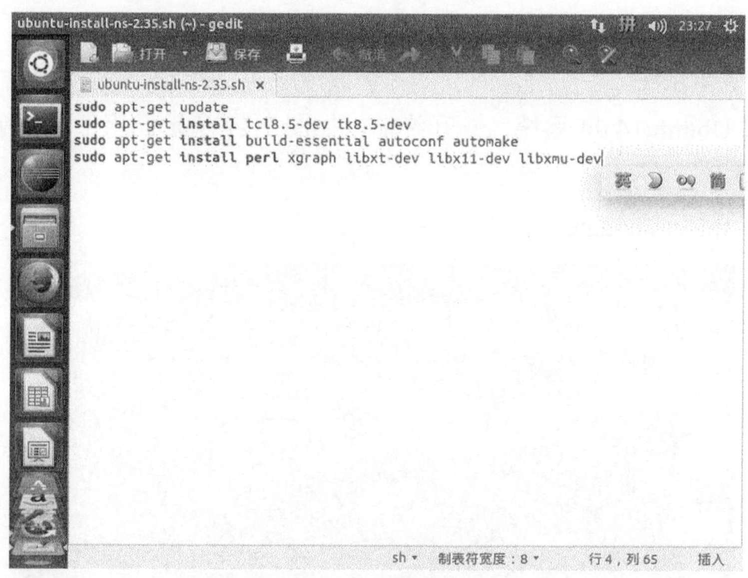

图 1.12　Shell 命令集成

(3) 解压缩 ns-allinone-2.35.tar.gz 安装文件

在终端键入 tar xvfz ns-allinone-2.34.tar.gz，将安装文件解压到/home/wqw 目录下。

(4) 安装 ns-allinone-2.35

切换到 home/wqw/ns-2.35 目录下，在终端输入./install，安装 NS-2.35。

(5) 配置环境变量

在 home/wqw 目录下，直接输入 gedit.bashrc，即可用文本编辑器打开.bashrc 文件，在这个文件的最后添加如下代码。

export PATH="$PATH:/home/wqw/ns-allinone-2.35/bin:/home/wqw/ns-allinone-2.35/tcl8.5.10/unix:/home/wqw/ns-allinone-2.35/tk8.5.10/unix"

export LD_LIBRARY_PATH="$LD_LIBRARY_PATH:/home/wqw/ns-allinone-2.35/otcl-1.14: /home/wqw/ns-allinone-2.35/lib"

export TCL_LIBRARY="$TCL_LIBRARY:/home/wqw/ns-allinone-2.35/tcl8.5.10/library"

(6) 验证安装是否成功

验证 NS-2 是否安装成功，最好的方法是运行一个 NS-2 自带的例子，如图 1.13 所示。如果运行成功，就说明安装成功了。

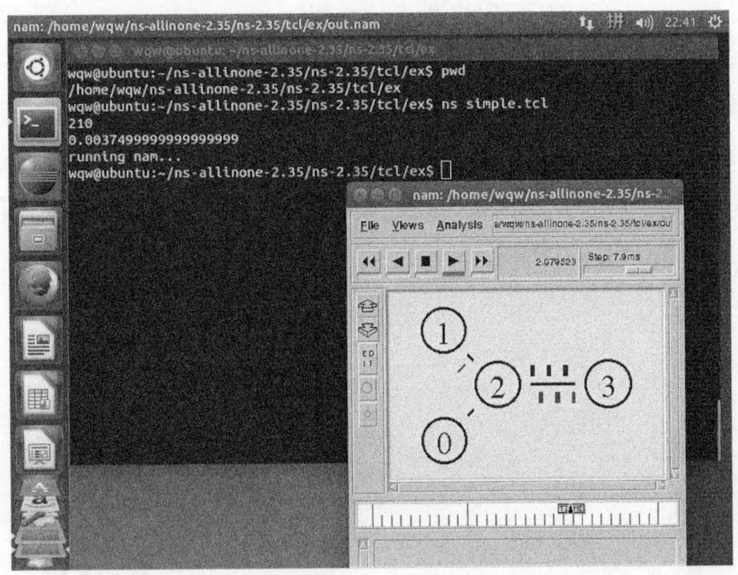

图 1.13　运行成功界面

1.2.3　Windows+Cygwin 安装 NS-2

Cygwin 是 Windows 环境下的 Linux 操作环境软件，提供动态链接库(dynamic link library，DLL) (cygwin1.dll)作为 Linux 应用程序接口(application programming interface，API)的仿真层，实现 Linux API 的功能特性。Cygwin 环境下的软件名称、功能属性和操作界面都与 Linux 操作系统基本一致，利用Cygwin可以在Windows操作系统下体验Linux操作系统的绝大部分特性。对于不熟悉 Linux 系统的初学者，采用 Cygwin 的好处是可以充分利用 Windows 操作系统对用户友好的特点。

Cygwin 与 VMware 等虚拟机软件的不同之处在于，Cygwin 不提供机器的硬件抽象层，VMware 提供硬件抽象层，在 VMware 上可以安装任何个人计算机可安装的操作系统。此外，Linux 系统下的可执行文件并不能直接在 Cygwin 环境中运行，必须在 Cygwin 环境下重新编译才可以使用。

1. Cygwin 的安装

Cygwin 的安装非常简单，下载 setup.exe 文件即可执行安装，一般选择网络安装。Cygwin 的下载地址是 http://www.cygwin.com。下载完成后，点击 setup.exe 文件即打开安装界面，按默认配置直接一步一步下去即可，一般选择网络安装，在“Select Root Install Directory”选项卡中，需要设置一个“Root Directory”根目录。该目录是 Cygwin 安装的目标目录，也是 Cygwin 安装完后虚拟 Linux 平台的根目录“/”，如图 1.14 右上窗口所示。

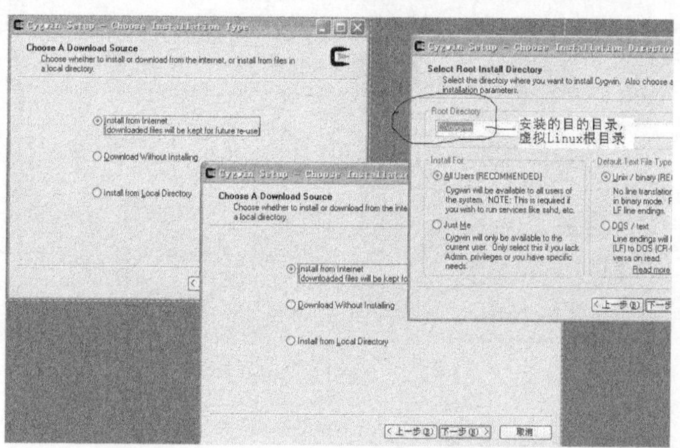

图 1.14　Cygwin 安装：配置安装根目录

设置本地包路径“Select Local Package Directory”，设置下载的各个软件的源码包安装路径。如图 1.15 左上窗口所示。

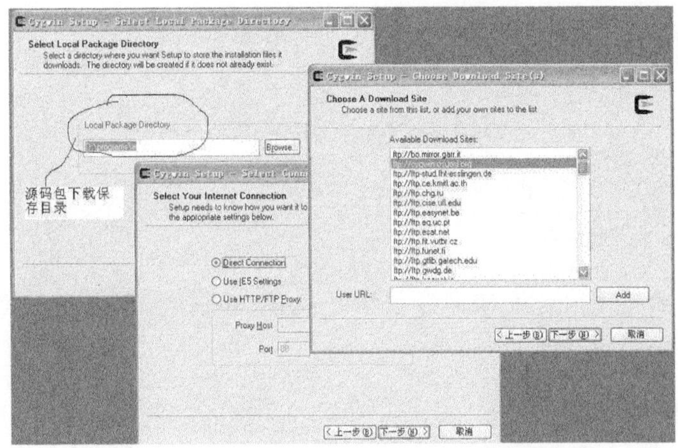

图 1.15　Cygwin 安装：配置源码包保存目录

Cygwin 安装的关键一步是选择需要安装的软件包，最好选择完全安装，具体步骤如图 1.16 所示。点击右上角的“View”按钮切换软件包的显示方式，切换到“Category”视图，然后选第一行的 All，鼠标点击选“Install”状态即可。

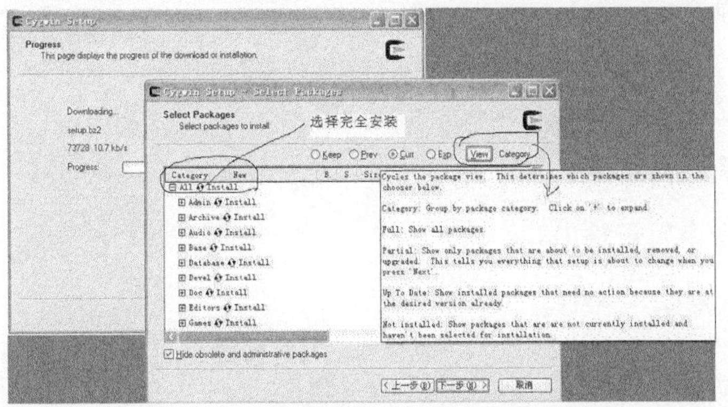

图 1.16　Cygwin 安装：选择需要安装的软件包

如果不完全安装，运行 NS-2 需要安装 Devel 和 X11，还有 gcc、gcc-g++、gdb、gawk、gnuplot、gzip、make、patch、perl、XFree86-base、XFree86-prog、XFree86-bin、XFree86-etc、XFree86-lib、tar 等软件。

2. NS2 的安装

Cygwin 提供了一个与 Linux 基本一致的操作界面。因此，NS-2 的安装也与在 Linux 下的安装过程基本一致，不再赘述。

1.3　NS-2 相关语言

1.3.1　Linux 系统命令

掌握必要的 Linux 系统命令是学好 NS-2 的基础，下面列出常用的 Linux 系统命令。

1. pwd 命令

pwd 命令主要用于查看当前目录。

2. ls 命令

ls 命令用于显示文件目录列表。

3. cd 命令

cd 命令用于切换目录。

4. echo 命令

echo 命令用于输出。

5. grep 命令

grep 命令查找文件中符合条件的字符串。

6. wc 命令

wc 命令用于统计。

7. touch 命令

touch 命令用于创建文件。

8. rm 命令

rm 命令用于删除文件。

9. cat 命令

cat 命令用于查看文件内容。

10. mkdir 命令

mkdir 命令用于创建目录。

这些命令的具体操作如图 1.17 所示。用户可以按照步骤操作，熟悉 Linux 系统操作环境。熟练掌握这些基本的 Linux 系统命令，对于 NS-2 初学很有帮助。此外，还有很多 Linux 系统命令对于 NS-2 网络仿真非常有用处，读者可以参考相关的书籍。

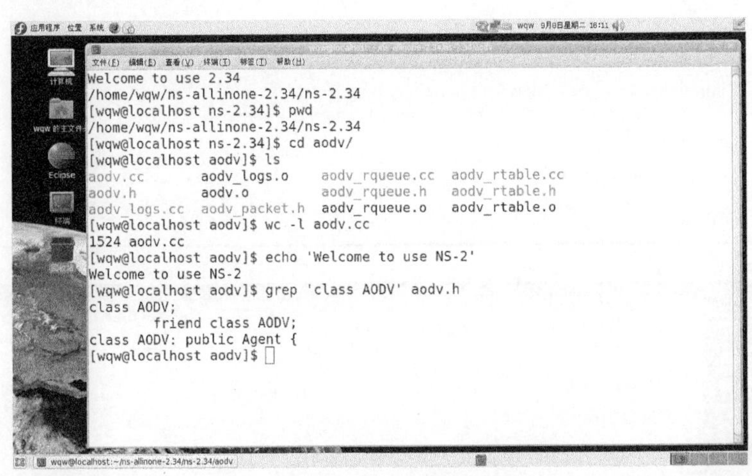

图 1.17　相关 Linux 命令操作

11. 流程控制

Linux 操作系统下的流程控制，可以让计算机反复执行一条或一组命令，对于 NS-2 网络仿真来说是非常有用的。下面通过例子介绍 for 循环和 while 循环。

表 1.1 中程序的主要功能是让计算机输出 1～10 的整数。表 1.2 中程序

的主要功能是间隔 25 输出 25～150 的整数。流程控制程序运行结果如图 1.18 所示。

表 1.1　for-example.sh 程序

行号	程序内容
1	# for example
2	for i in `seq 10`
3	do
4	echo "$i"
5	done

表 1.2　while-example.sh 程序

行号	程序内容
1	#while example
2	K=25
3	while [$K -le 150]
4	do
5	echo "$K "
6	K=`expr $K + 25`
7	done

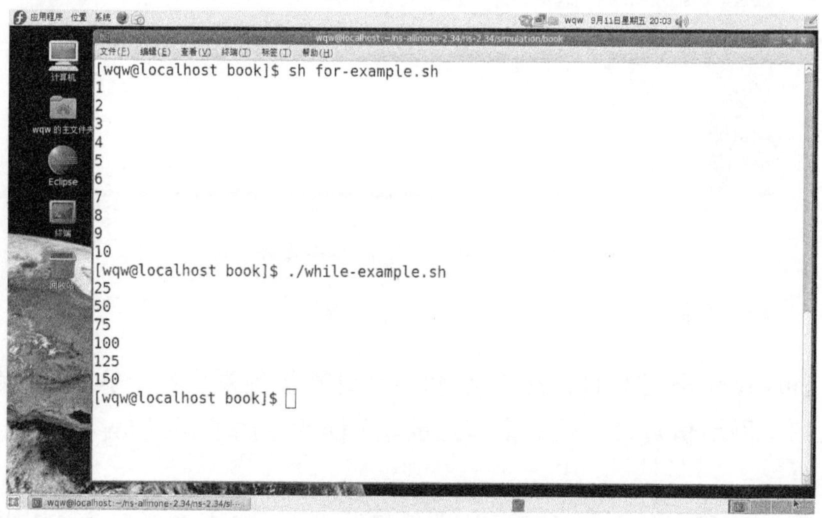

图 1.18　流程控制程序运行结果

1.3.2　Tcl

Tcl 是一种解释型的可扩展脚本语言，由脚本语言和相应的解释器组成。通过添加预编译的 C 函数来扩展 Tcl 解释器可以使 Tcl 简化应用程序的设计和实现。在 NS-2 网络仿真过程中，Tcl 用来描述要仿真的网络环境和参数设置等[28]。

1. Tcl 命令格式

Tcl 命令由空格符分隔的关键字组成。基本的 Tcl 命令格式如下。

Command arg1 arg2 arg3…

其中，Command 是命令名称或 Tcl 过程名，其余都是该命令的参数。

下面编写第一个 Tcl 脚本程序 welcome.tcl，如表 1.3 所示。

表 1.3　welcome.tcl 程序

行号	程序内容
1	# My first Tcl script
2	puts "Welcome to use NS-2"
3	puts {Welcome to use NS-2}

其中，第 1 行是程序的注释；第 2 行和第 3 行都是输出 Welcome to use NS-2 这个语句。

在 Fedora 10 操作系统环境下运行 welcome.tcl，有两种方式。

第一种方式是在终端运行 tclsh welcome.tcl。第二种方式是在终端运行 ns welcome.tcl。welcome.tcl 运行操作过程如图 1.19 所示。

2. Tcl 变量设置

Tcl 变量设置用 set 命令，它后面跟两个参数，第一个参数是变量名，第二个参数是给变量赋的值。Tcl 是解释性语言，变量不需要事先声明，第一次使用的同时创建变量。

unset 命令用来删除变量。一条 unset 变量可以删除多个变量。set 和 unset 命令的示例程序如表 1.4 所示。

图 1.19　welcome.tcl 运行操作过程

表 1.4　set.tcl 程序

行号	程序内容
1	#set variable
2	set var1 "20+5"
3	set var2 "15"
4	set var3 $var1$var2
5	set var4 [expr $var1$var2]
6	puts "$var1"
7	puts "$var2"
8	puts "$var3"
9	puts "$var4"
10	unset var4
11	puts "$var4"

3. Tcl 数学运算

Tcl 的数学运算在编写仿真脚本经常用到，示例如表 1.5 所示。该程序主要实现加、减、乘、除功能。变量设置和数学运算结果如图 1.20 所示。

表 1.5　mathematical.tcl 程序

程序内容
mathematical
set var1 [expr 9/3]
puts "$var1"
set var2 [expr 9+3]
puts "$var2"
set var3 [expr 9*3]
puts "$var3"
set var4 [expr 9-3]
puts "$var4"

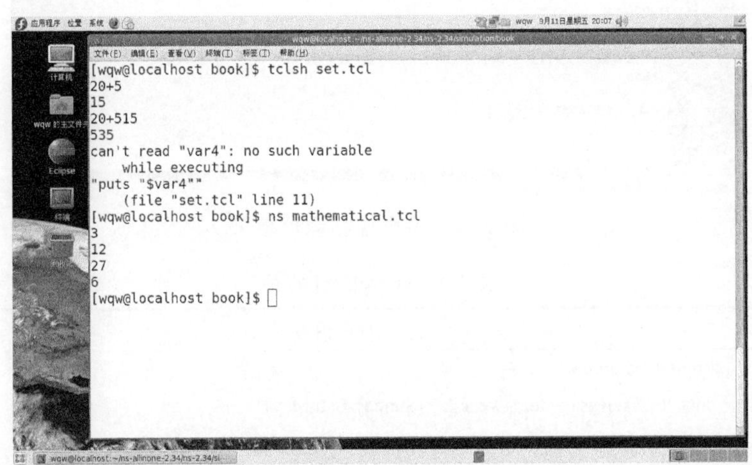

图 1.20　变量设置和数学运算结果

4. Tcl 流程控制

Tcl 流程控制可以让计算机重复执行命令。for 循环实现输出从 0～9 数字的程序，如表 1.6 所示。运行结果如图 1.21 所示。

Switch 循环实现输入星期，输出对应的数字，如表 1.7 所示。运行结果图 1.21 所示。

表 1.6　for.tcl 程序

```
# for example
for {set i 0} {$i < 10} {incr i 1} {
   puts "In the for loop, and i == $i"
}
```

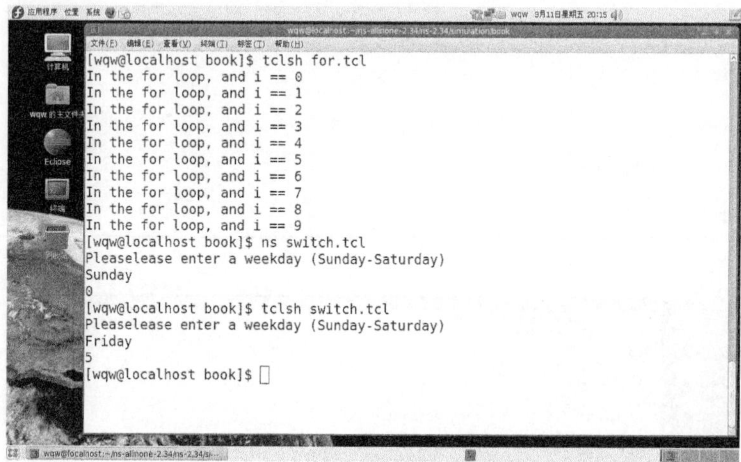

图 1.21　流程控制运行结果

表 1.7　switch.tcl 程序

```
#switch example
puts "Pleaselease enter a weekday (Sunday-Saturday)"
gets stdin val
switch $val {
      Sunday {puts "0"}
      Monday {puts "1"}
      Tuesday {puts "2"}
      Wednesday {puts "3"}
      Thursday {puts "4"}
      Friday {puts "5"}
      Saturday {puts "6"}
      default {puts "Invalid input"}
}
```

5. Tcl 过程

Tcl 的“命令”和“关键字”是同义词。Tcl 的关键字，如 if、switch、for、while 等都是作为命令实现的。这些命令与其他语言中的函数类似。因此，用户可以通过编写过程来创建新命令。新命令的工作原理与内置命令完全相同。proc 命令创建一个新命令语法如下。

proc <procname> {<args>} {<body>}

定义 proc 时，创建名为 procname 的新命令，该命令接受参数 args。

调用过程方式如下。

<procname> <args>

调用 procname 时，它将运行主体中包含的代码，参数被传递到 procname。示例程序如表 1.8 所示。该程序实现了两个数相加、相乘和取平均值三个过程，运行结果如图 1.22 所示。

表 1.8　procedure.tcl 程序

```
#procedure example
proc sum_proc {a b} {
   return [expr $a + $b]
}
proc multiplication_proc {a b} {
   return [expr $a * $b]
}
proc average_proc {a b} {
   return [expr ($a + $b)/2]
}
set num1 3
set num2 7
set sum [sum_proc $num1 $num2]
set multiplition [multiplication_proc $num1 $num2]
set average [average_proc $num1 $num2]
puts "The sum is $sum"
puts "The multiplition is $multiplition"
puts "The average is $average"
```

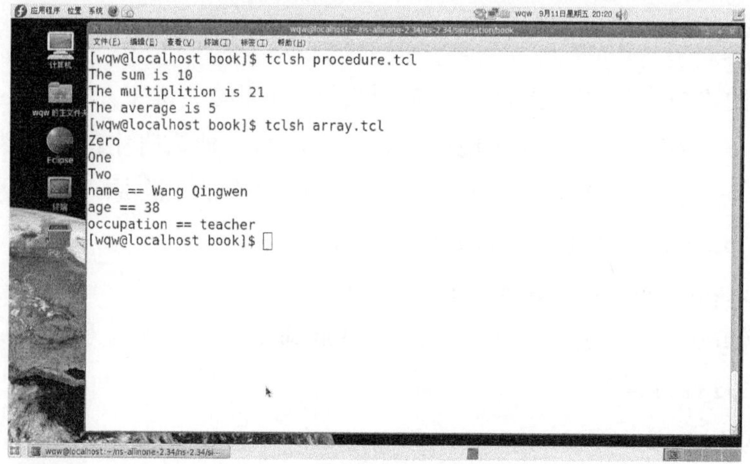

图 1.22　过程和数组运行结果

6. Tcl 数组

Tcl 的数组用来存储同类型的变量。数组中的值可以通过数组名和索引读取。与 C 和 C++不同，Tcl 中的数组索引可以是字符，数组中的变量与普通变量没有区别。示例程序如表 1.9 所示。程序实现了两个数组并输出数组中的变量，运行结果如图 1.22 所示。

表 1.9　array.tcl 程序

行号　程序内容

```
#array example
set array(0) "Zero"
set array(1) "One"
set array(2) "Two"
for {set i 0} {$i < 3} {incr i 1} {
   puts $array($i)
}
set person(name) "Wang Qingwen"
set person(age) "38"
set person(occupation) "teacher"
foreach thing {name age occupation} {
puts "$thing == $person($thing)"
}
```

1.3.3　AWK 语言

AWK(Aho&Weinberger&Kernighan)语言通常用来从文本中获取需要的信息。在 NS-2 的使用过程中，通常用 AWK 语言从生成的 Trace 文件中获取信息。AWK 是数据驱动的脚本语言，适用于文本处理、数据提取和报告的格式化。输入数据可以看做包含不同字段记录的集合，每一行看成一条记录。每条记录默认以空格或 Tab 键分隔为一个个字段。AWK 一行接一行地处理数据，并按照要求输出结果。

1. AWK 基本语法

AWK 的基本语法如下。

<pattern> {<actions>}

<pattern>指定条件，如果一行数据满足条件，<actions>就处理该行数据。<pattern>是可选择的，如果<pattern>缺省，<actions>就处理数据中的全部数据。

2. AWK 内置变量

AWK 提供了一些非常有用的内置变量，如表 1.10 所示。

表 1.10　AWK 内置变量

变量名	描述
$0	当前整行记录
$1, $2,…,$n	整行记录($0)的第 1，第 2，…，第 *n* 个字段
FILENAME	输入文件的名称
NF	当前记录的字段数量
NS	整个文件的记录数量，也可以看作文件的行数
FS	输入字符分隔符，默认为空白字符
RS	输入记录分隔符，指输入时换行符

3. AWK 程序执行

AWK 可以在终端以命令行的方式执行，也可以将多个命令写成脚本文件，然后执行。示例输入数据如表 1.11 所示。下面实现输出文件第二列的功能。

表 1.11 输入数据 input.tr

行号	程序内容
1	#input.tr
2	a 1 2
3	b 1 2
4	c 3 4
5	d 3 4
6	a 1 2

第一种方式是在终端执行命令 awk '{print $2}' input.tr 或者 awk < input.tr '{print $2}'命令。终端运行命令运行结果如图 1.23 所示。

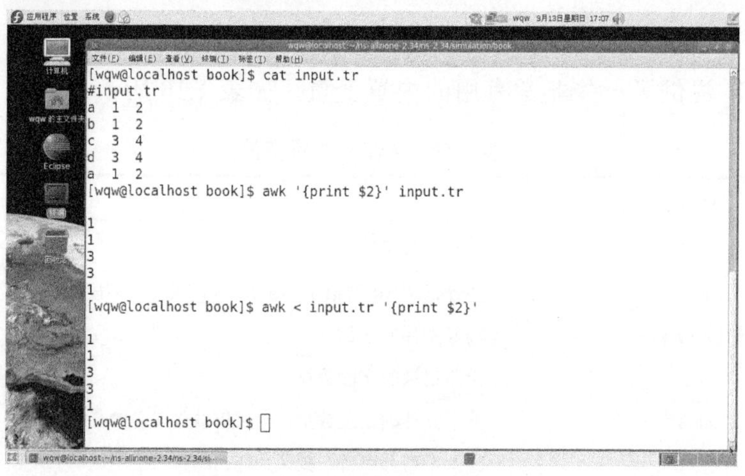

图 1.23 终端运行命令运行结果

第二种方式是写成脚本文件，然后执行文件。

脚本文件如表 1.12 所示，功能是输出文件的第二列。

命令格式如下。

awk -f <awk_file> <input_file>

在终端执行文件命令如下。

awk -f print.awk input.tr

按文件运行结果如图 1.24 所示。

表 1.12　print.awk 程序

程序内容
print.awk
{print $2}

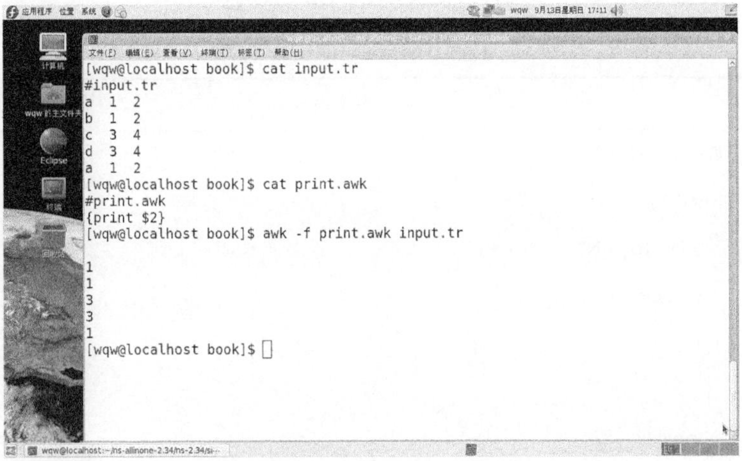

图 1.24　按文件运行结果

4. AWK 程序结构

通用的 AWK 程序结构如下。

BEGIN {<initialization>}

<pattern1> {<actions1>}

<pattern2> {<actions2>}

…

END {<final> {<finalAction>}}

上述程序的运行包括三个步骤。

① 执行 BEGIN {<initialization>}语句块中的语句。BEGIN 语句块在 awk

开始从输入流中读取行之前被执行。这是一个可选的语句块，如变量初始化、打印输出表格的表头等语句，通常可以写在 BEGIN 语句块中。

② 从输入文件读取一行，然后执行<pattern> {<actions>}语句块。pattern 语句块中的通用命令是最重要的部分，它也是可选的。

③ 当读至输入流末尾时，执行 END {<final> {<finalAction>}}语句块；END 语句块在 awk 从输入流中读取所有的行之后即被执行。例如，打印所有行的分析结果这类信息汇总，它也是一个可选语句块。

示例程序如表 1.13 所示。该程序实现的功能是输出输入流中第二列数值等于 1 的记录。操作及运行结果如图 1.25 所示。

表 1.13　begin-end.awk 程序

```
#begin-end.awk
BEGIN {
   print "BEGIN" ;
   variable = 0 ;
   }
  {
   variable = $2 ;
   if ( variable == "1" ) {
        print $0;
  }
}
END {
     print "END" ;
}
```

示例程序如表 1.14 所示。该程序主要的功能是输出文件的奇数行，并打印每一行的行号，操作及运行结果如图 1.25 所示。

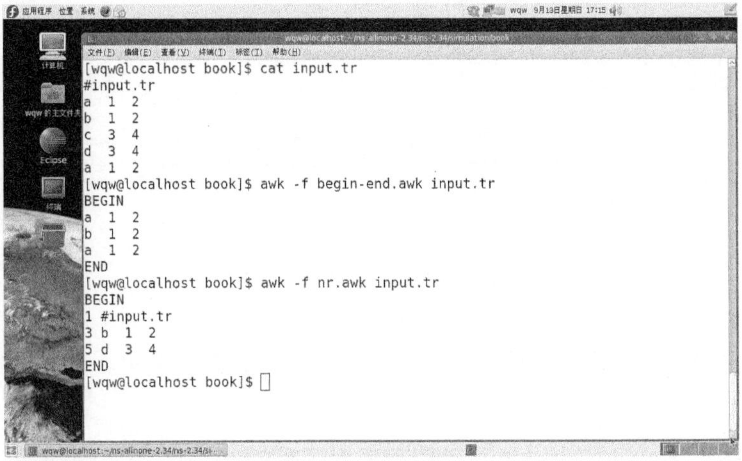

图 1.25　操作及运行结果

表 1.14　nr.awk 程序

行号	程序内容
1	#nr.awk
2	BEGIN {
3	print "BEGIN" ;
4	}
5	{
6	if (NR%2 == 1) {
7	print NR, $0;
8	}
9	}
10	END {
11	print "END" ;
12	}

本章列举了在 NS-2 仿真过程中常用的命令，希望起到抛砖引玉的作用，便于初学者快速了解。

第 2 章　NS-2 仿真方法

2.1　NS-2 仿真步骤

在进行网络仿真前，首先分析判别仿真涉及哪个层次。NS-2 的仿真分两个层次。

① 基于 Tcl 编程的层次。运用 NS-2 现有的网络资源实现仿真，不需修改 NS-2 本身，只需编写 Tcl 脚本。

② 基于 C++和 Tcl 编程的层次。如果 NS-2 中没有所需的网络资源，就要对 NS-2 进行扩展，添加需要的网络资源，也就是实现或者添加新的 C++和 Tcl 类，然后编写新的 Tcl 脚本。

总体而言，NS-2 仿真的步骤如图 2.1 所示。

NS-2 仿真的具体步骤描述如下。

步骤1：设置仿真协议。如果是基于Tcl编程层次，仿真NS-2已有的协议就可以，不需要实现新的协议。如果是基于C++和Tcl编程层次，就需要基于NS-2平台添加或者实现协议，并在NS-2上添加协议，让新协议在NS-2上生效。

步骤2：创建网络拓扑。利用NS-2现有的移动模型或实现新的移动模型，在移动模型的基础上，应用Setdest生成节点运动场景，应用Tcl调用或是编写节点的运动场景。

步骤3：创建数据流。应用NS-2平台生成CBR或VBR，并根据实际仿真需要对数据流文件进行改动。

步骤4：编写运行仿真脚本。运用Tcl编写仿真脚本，将网络拓扑文件和数据流文件包含到Tcl文件中，并运用Shell语言对仿真脚本进行批处理操作。

步骤5：处理统计仿真结果。通过AWK语言处理生成的Trace结果，运用Shell语言对大量的仿真结果进行批处理。在这个步骤实施过程中，Linux命令、Perl和Python可以替代AWK的功能。

步骤6：仿真结果的可视化。运用Gnuplot或Matlab可视化仿真结果。在实施过程中，也可以用Origin和Excel等绘图软件。

当步骤6得到的结果满足需求时，仿真即可结束；否则，更换仿真场景文件或者数据流文件，重复步骤2～步骤6的操作，直到得到满意的结果。

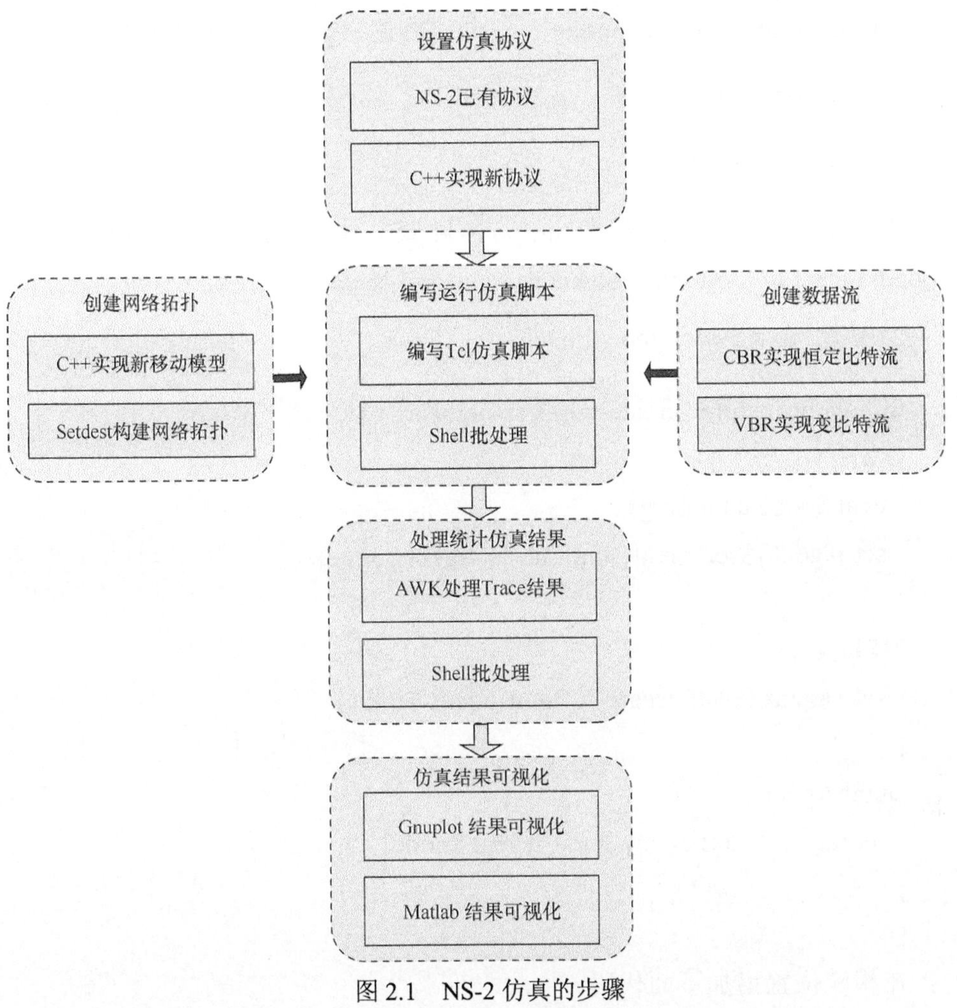

图 2.1　NS-2 仿真的步骤

2.2　NS-2 仿真 MFLOOD 实例

在 Ad Hoc 网络中，最简单的广播协议就是洪泛协议。它也可以看作简单的路由协议，其思想是节点接收到分组后，如果不是重复的分组就转发。下面研究 MFLOOD 的仿真方法。MFLOOD 不是 NS-2.34 已有的协议，但是网络上有 MFLOOD 的源代码，需要将 MFLOOD 添加到 NS-2.34 中。在添加的过程中，可以参考无线自组网按需平面距离矢量路由(Ad Hoc on-demand distance vector routing，AODV)协议添加相关的文件和代码。

2.2.1 添加 MFLOOD

1. 建立 mflood 目录

在 ns-2.34 目录下新建 mflood 目录，将 mflood.cc、mflood.h、mflood-packet.h、mflood-seqtable.cc、mflood-seqtable.h 放到该目录。

2. 修改~ns-2.34/tcl/lib/ns-lib.tcl

```
Simulator instproc create-wireless-node args {
OMNIMCAST {
  eval $node addr $args
  set ragent [$self create-omnimcast-agent $node]
}
MFlood {
  set ragent [$self create-mflood-agent $node]
}
DumbAgent {
  set ragent [$self create-dumb-agent $node]
}
}
```

在相应位置增加下面代码。

```
Simulator instproc create-mflood-agent {node} {
  set ragent [new Agent/MFlood [$node id]]
  $node set ragent_ $ragent
  return $ragent
}
```

3. 修改~ns-2.34/tcl/lib/ns-packet.tcl

```
foreach prot {
   MFlood
   AODV
}
```

4. 修改~ns-2.34/common/packet.h

```
enum packet_t {
   static const packet_t PT_MFLOOD = 63;
   // insert new packet types here
   static packet_t PT_NTYPE = 64; // This MUST be the LAST one
}

p_info() {
   name_[PT_AODV]= "AODV";
   name_[PT_MFLOOD]="MFlood";
}
```

5. 修改~trace/cmu-trace.h

定义 MFLOOD 的 Trace 输出格式。

```
void format_mflood(Packet *p, int offset);
```

6. 修改~trace/cmu-trace.cc

```
#include <mflood/mflood-packet.h>
```

在下面的代码后添加代码。

```
switch(ch->ptype()) {
   case PT_AODV:
   format_aodv(p, offset);
   break;
   case PT_MFLOOD:
```

```
    format_mflood(p, offset);
    break;
    //添加 MFLOOD 的 trace 格式定义
    void
    CMUTrace::format_mflood(Packet *p, int offset)
    {
      struct hdr_mflood *fh = HDR_MFLOOD(p);
      //if (pt_->tagged()) {
      sprintf(pt_->buffer() + offset,
      //"-mflood:seq %d",
      "[%d]",
      fh->seq_);
    }
}
```

7. 修改 Makefile

在 OBJ_CC 中增加一行。

**mflood/mflood.o mflood/mflood-seqtable.o **

8. 重新编译 NS-2.34

打开终端，在~ns-2.34 目录，运行 make clean、make depend 和 make，重新编译 NS-2.34，让 MFLOOD 协议生效。

2.2.2 仿真参数

仿真环境是带有 CMU 无线扩展的 NS-2(Version 2.34)，仿真场景为 1200m×1200m 的矩形区域，仿真时间为 500s。网络中节点数量为 50 个，节点的无线传输半径为 250m，网络带宽为 2Mbit/s。具体仿真参数如表 2. 1 所示。

表 2.1　仿真参数

参数名称	数值
路由层协议	MFlood
MAC 层协议	802.11
传播模型	TwoRayGround
信道	WirelessChannel
物理层	WirelessPhy
队列模型	PriQueue
队列长度	50
逻辑链路层模型	LL
节点数量	50 个
节点传输半径	250m
仿真时间	500s
仿真场景	1200m×1200m
数据流	CBR
数据流连接数	10 个
源节点每秒发送分组数	1 个
移动模型	RWP
节点最大移动速度	20m/s
暂停时间	0s
队列长度	50

2.2.3　仿真步骤

步骤 1：设置仿真协议。

在仿真过程中，设置路由协议为 MFLOOD。

步骤 2：创建网络拓扑。

NS-2 中 setdest 工具可以生成网络移动场景，它在/home/wqw/ns-allinone-2.34/ns-2.34/indep-utils/cmu-scen-gen/setdest 目录下，在终端用 cd 命令运行，cd indep-utils/cmu-scen-gen/setdest/，可以切换到该目录，然后运行下面命令生成网络移动场景。

./setdest -n 50 -p 0.0 -M 20 -t 500 -x 1200 -y 1200 >scene-n50-p0-M20-t500-x1200-y1200

其中，-n 指定场景的节点数；-p 指定当某节点到达目的地之后要停留多少时间，如果设置为 0.0，表示不停留，立刻往下一个目的地前进；-M 指定节点随机移动时速度的最大值，单位 m/s；-t 指定仿真场景的持续时间，单位 s；-x:指定节点移动区域的长度；-y:指定节点移动区域的宽度。

除了用 setdest，用户可以在 tcl 中自定义节点的移动。

网络场景和数据流生操作如图 2.2 所示。生成的场景文件为 scene-n50-p0-M20-t500-x1200-y1200，为了便于理解，在场景文件中选取部分内容如表 2.2 所示。

表 2.2　scene-n50-p0-M20-t500-x1200-y1200 部分内容

<table>
<tr><th>行号</th><th>程序内容</th></tr>
<tr><td>1</td><td>#</td></tr>
<tr><td>2</td><td># nodes: 50, pause: 0.00, max speed: 20.00, max x: 1200.00, max y: 1200.00</td></tr>
<tr><td>3</td><td>#</td></tr>
<tr><td>4</td><td>$node_(0) set X_ 701.806750887959</td></tr>
<tr><td>5</td><td>$node_(0) set Y_ 885.336602886676</td></tr>
<tr><td>6</td><td>$node_(0) set Z_ 0.000000000000</td></tr>
<tr><td>7</td><td>$ns_ at 0.000000000000 "$node_(0) setdest 383.297317038719 507.551176187267 3.919737654576"</td></tr>
<tr><td>8</td><td>$god_ set-dist 0 1 6</td></tr>
<tr><td>9</td><td>$ns_ at 0.463593901429 "$god_ set-dist 0 41 7"</td></tr>
<tr><td>10</td><td>$ns_ at 0.463593901429 "$god_ set-dist 0 43 8"</td></tr>
<tr><td>11</td><td>$ns_ at 69.473540289128 "$god_ set-dist 0 14 3"</td></tr>
<tr><td>12</td><td>#</td></tr>
<tr><td>13</td><td># Destination Unreachables: 1304</td></tr>
<tr><td>14</td><td>#</td></tr>
<tr><td>15</td><td># Route Changes: 64303</td></tr>
<tr><td>16</td><td>#</td></tr>
<tr><td>17</td><td># Link Changes: 4267</td></tr>
<tr><td>18</td><td>#</td></tr>
<tr><td>19</td><td># Node | Route Changes | Link Changes</td></tr>
<tr><td>20</td><td>#　　0 |　　　　2093 |　　　　164</td></tr>
<tr><td>21</td><td>#　　1 |　　　　2322 |　　　　174</td></tr>
</table>

下面对表 2.2 中的内容解释。

第 1 行～第 3 行：注释行，其中第 2 行是输出场景的参数。

第 4 行～第 6 行：设置节点 0 的初始位置。

第 7 行：设置节点 0 在 0.000000000000s 向(383.297317038719,507.551176187267)移动，节点的移动速度为 3.919737654576m/s。

第 8 行：在 GOD(general operation director)中记录节点 0 和节点 1 之间的最短跳数 6。这里的跳数是根据当前拓扑，采用默认的无线传输半径计算。

第 9 行：0.463593901429s 在 GOD 中记录，节点 0 和节点 41 之间的最短跳数为 7。同理，可以解释第 10 行和第 11 行。

第 13 行～第 21 行：统计场景中的目标不可达数量、路由改变数量和链路改变数量，通过这些信息可以初步了解场景拓扑变化的剧烈程度。

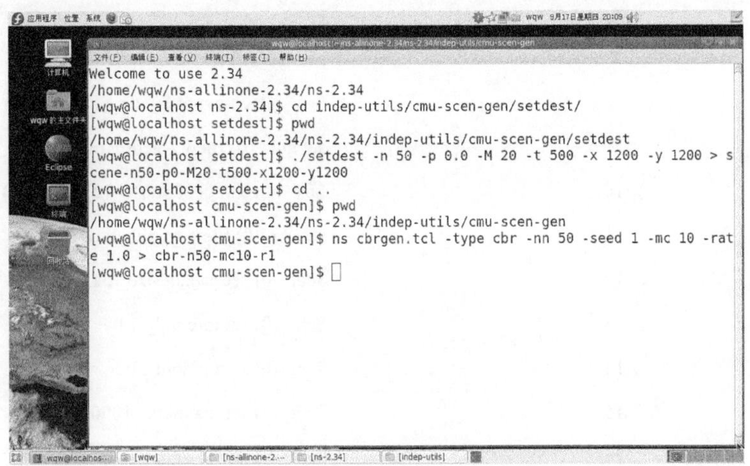

图 2.2 网络场景和数据流生操作

步骤 3：创建数据流。

数据流生成工具 cbrgen 用来生成网络负载，生成 CBR 和 TCP。cbrgen 的文件在/home/wqw/ns-allinone-2.34/ns-2.34/indep-utils/cmu-scen-gen 目录，利用 cd 命令切换到该目录，然后运行下面命令。

```
ns cbrgen.tcl -type cbr -nn 50 -seed 1 -mc 10 -rate 1.0 > cbr-n50-mc10-r1
```

其中，-type 指定数据流是 cbr 流或者是 tcp 流；-nn 指定多少个节点；-seed 代表随机数；-mc 为最大连接数量；-rate 表示源节点每秒钟发送的数据分组数量。

除了用 cbrgen，用户可以在 tcl 中定义源节点到目的节点的数据流连接。

数据流生成的操作步骤如图 2.2 所示。cbr-n50-mc10-r1 的部分内容如表 2.3 所示。

表 2.3　cbr-n50-mc10-r1 部分内容

行号	程序内容
1	#
2	# nodes: 50, max conn: 10, send rate: 1.0, seed: 1
3	#
4	#
5	# 1 connecting to 2 at time 2.5568388786897245
6	#
7	set udp_(0) [new Agent/UDP]
8	$ns_ attach-agent $node_(1) $udp_(0)
9	set null_(0) [new Agent/Null]
10	$ns_ attach-agent $node_(2) $null_(0)
11	set cbr_(0) [new Application/Traffic/CBR]
12	$cbr_(0) set packetSize_ 512
13	$cbr_(0) set interval_ 1.0
14	$cbr_(0) set random_ 1
15	$cbr_(0) set maxpkts_ 10000
16	$cbr_(0) attach-agent $udp_(0)
17	$ns_ connect $udp_(0) $null_(0)
18	$ns_ at 2.5568388786897245 "$cbr_(0) start"

下面对表 2.3 中的内容解释。

第 1 行～第 3 行：注释行，其中第 2 行是输出生成数据流的命令参数。

第 4 行～第 6 行：注释行，说明接下来的语句是实现在 2.5568388786897245s，数据流连接节点 1 和节点 2。

第 7 行和第 8 行：创建 UDP 代理，并与节点 1 绑定。

第 9 行和第 10 行：创建空代理，并与节点 2 绑定。

第 11 行～第 15 行：创建 CBR，并设置参数。

第 16 行和第 17 行：实现节点 1 发送 CBR 给节点 2。

第 18 行：在 2.5568388786897245s，开启 CBR。

步骤 4：编写运行仿真脚本。

在确定仿真参数，生成网络场景文件和数据流文件后，下一步的工作是编写 Tcl 仿真脚本，如表 2.4 所示。

表 2.4　mflood-example.tcl 程序

行号	程序内容	
1	#mflood-example.tcl	
2	#==	
3	# Define options	
4	#==	
5	set val(chan)	Channel/WirelessChannel
6	set val(prop)	Propagation/TwoRayGround
7	set val(netif)	Phy/WirelessPhy
8	set val(mac)	Mac/802_11
9	set val(ifq)	Queue/DropTail/PriQueue
10	set val(ll)	LL
11	set val(ant)	Antenna/OmniAntenna
12	set val(x)	1200;# X dimension of the topography
13	set val(y)	1200;# Y dimension of the topography
14	set val(ifqlen)	50　　　　　　;# max packet in ifq
15	set val(seed)	0.0
16	set val(rp)	MFlood
17	set val(nn)	50;# how many nodes are simulated
18	set val(cp)	"cbr-n50-mc10-r1"
19	set val(sc)	"scene-n50-p0-M20-t500-x1200-y1200"
20	set val(stop)	500
21	#==	
22	# Main Program	

续表

程序内容

```
#==================================================================
# Initialize Global Variables
set ns_ [new Simulator]
set tracefd [open mflood-example.tr w]
$ns_ trace-all $tracefd
# set up topography
set topo [new Topography]
$topo load_flatgrid $val(x) $val(y)
set namtrace [open mflood-example.nam w]
$ns_ namtrace-all-wireless $namtrace $val(x) $val(y)
# Create God
set god_ [create-god $val(nn)]
# Create the specified number of mobilenodes [$val(nn)] and "attach" them
# to the channel. configure node
set channel [new Channel/WirelessChannel]
$channel set errorProbability_ 0.0
        $ns_ node-config -adhocRouting $val(rp) \
            -llType $val(ll) \
            -macType $val(mac) \
            -ifqType $val(ifq) \
            -ifqLen $val(ifqlen) \
            -antType $val(ant) \
            -propType $val(prop) \
            -phyType $val(netif) \
            -channel $channel \
            -topoInstance $topo \
            -agentTrace ON \
            -routerTrace ON\
            -macTrace ON \
            -movementTrace ON
for {set i 0} {$i < $val(nn) } {incr i} {
set node_($i) [$ns_ node]
```

续表

行号	程序内容
55	$node_($i) random-motion 0;
56	}
57	# Define node movement modell
58	puts "Loading scenario file..."
59	source $val(sc)
60	# Define traffic mode
61	puts "Loading connection pattern..."
62	source $val(cp)
63	# Define node initial position in nam
64	for {set i 0} {$i < $val(nn)} {incr i} {
65	# 50 defines the node size in nam, must adjust it according to your scenario
66	# The function must be called after mobility model is defined
67	$ns_ initial_node_pos $node_($i) 50
68	}
69	# Tell nodes when the simulation ends
70	for {set i 0} {$i < $val(nn) } {incr i} {
71	$ns_ at $val(stop).0 "$node_($i) reset";
72	}
73	$ns_ at $val(stop).0 "stop"
74	$ns_ at $val(stop).01 "puts \"NS EXITING..\" ; $ns_ halt"
75	proc stop {} {
76	global ns_ tracefd
77	$ns_ flush-trace
78	close $tracefd
79	}
80	puts "Starting Simulation..."
81	$ns_ run

下面对表 2.4 中的程序进行解释说明。

第 5 行～第 20 行：设置仿真的全局变量。

第 25 行～第 27 行：设置输出 Trace 文件名称，记录仿真过程中发生的事件。

第 29 行～第 32 行：设置输出 Nam 文件名称，以动画的方式演示仿真过程。

第 34 行：设置 GOD 存储仿真相关信息。

第 37 行：设置信道。

第 38 行：设置信道的错误概率。

第 39 行～第 52 行：配置节点，其中第 49 行～52 行是应用层、物理层、介质访问控制(medium access control，MAC)层和节点移动的 Trace 开关，可以根据需要进行设置。

第 53 行～第 56 行：初始化节点的地理位置。

第 58 行～第 59 行：导入节点移动场景文件。

第 61 行～第 62 行：导入数据流文件。

第 64 行～第 68 行：定义节点的大小和 Nam 中的位置。

第 70 行～第 81 行：定义仿真结束过程。

将仿真脚本 mflood-example.tcl、节点移动场景文件 scene-n50-p0-M20-t500-x1200-y1200 和数据流文件 cbr-n50-mc10-r1 放到/home/wqw/ns-allinone-2.34/ns-2.34/simulation/book/mflood-example/50nodes 目录下，然后在终端运行 mflood-example.tcl 脚本，如图 2.3 所示。

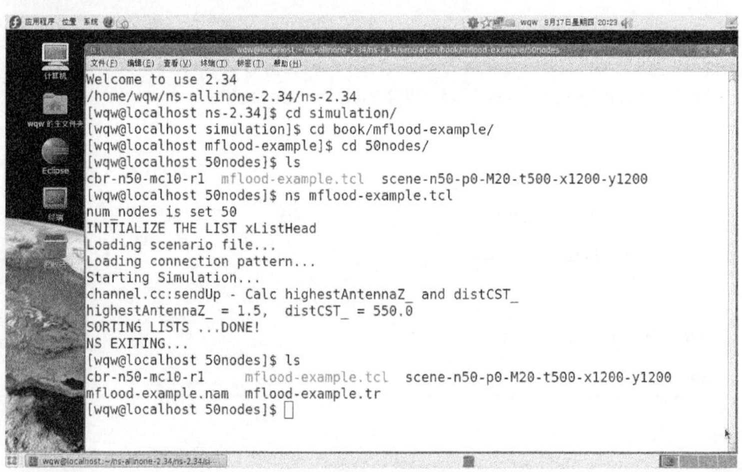

图 2.3　运行 mflood-example.tcl 脚本

运行完 mflood-example.tcl，查看目录，生成 Trace 文件 mflood-example.tr 和 Nam 文件 mflood-example.nam 两个文件，其中前者用来分析协议性能，

后者以动画的方式演示仿真过程。在终端运行 nam mflood-example.nam，如图 2.4 所示。mflood-example.nam 运行过程如图 2.5 所示。

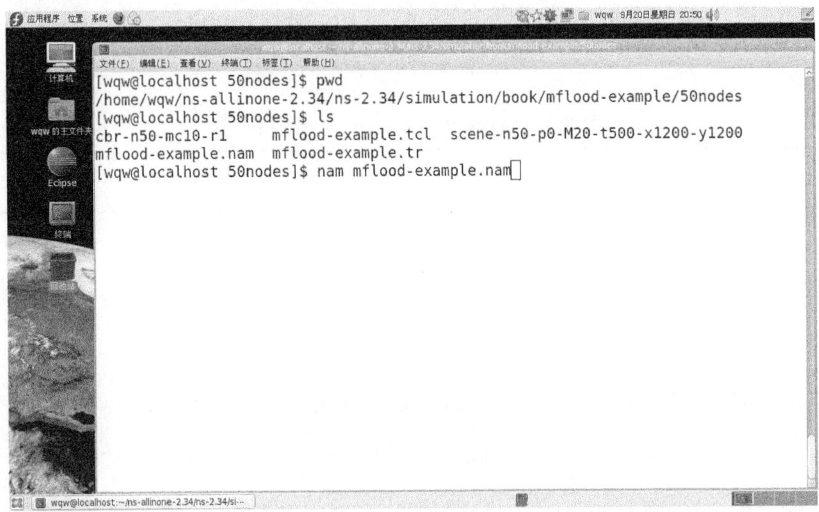

图 2.4 运行 mflood-example.nam 界面

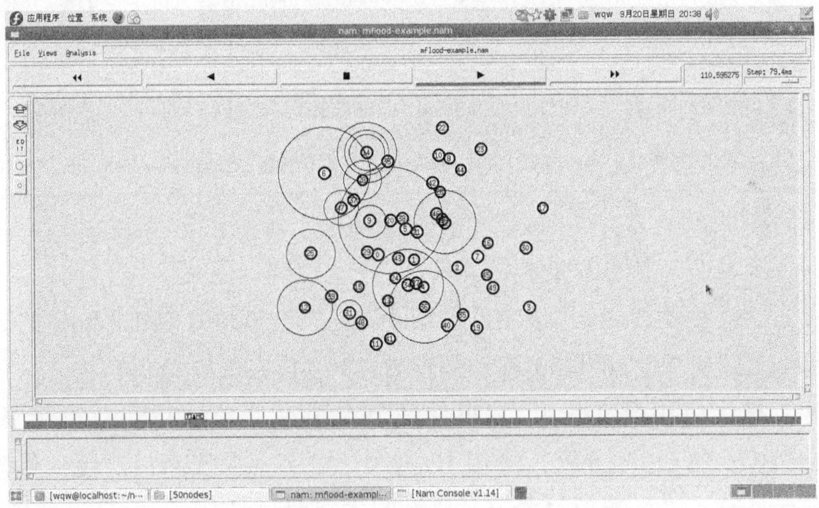

图 2.5 mflood-example.nam 运行过程

仿真结束后，生成的 Nam 文件主要用来以动画的方式展现仿真过程。这个文件对于仿真结果的统计并没有实质的意义。

步骤 5：处理统计仿真结果。

仿真过程生成 Trace 文件 mflood-example.tr，记录仿真过程中发生的事件。NS-2 的 Trace 采用大数据的思想，一个事件以一行记录的形式记录在 Trace 文件中，因此 Trace 文件往往较大。mflood-example.tr 部分内容如表 2.5 所示。

表 2.5　mflood-example.tr 部分内容

行号	事件
1	M 0.00000 44 (1012.79, 989.26, 0.00), (230.61, 780.22, 0.00), 1.97
2	s 2.556838879 _1_ AGT --- 0 cbr 512 [0 0 0 0] ------- [1:0 2:0 32 0] [0] 0 5
3	r 2.556838879 _1_ RTR --- 0 cbr 512 [0 0 0 0] ------- [1:0 2:0 32 0] [0] 0 5
4	s 2.556838879 _1_ RTR --- 0 MFlood 532 [0 0 0 0] ------- [1:0 2:0 30 0] [0]
5	s 2.556953879 _1_ MAC --- 0 MFlood 590 [0 ffffffff 1 800] ------- [1:0 2:0 30 0] [0]
6	r 2.561674262 _20_ MAC --- 0 MFlood 532 [0 ffffffff 1 800] ------- [1:0 2:0 30 0] [0]
7	D 2.613787338 _24_ RTR LOWSEQ 0 MFlood 532 [0 ffffffff 29 800] ------- [1:0 2:0 26 0] [0]
8	f 2.613995353 _19_ RTR --- 0 MFlood 532 [0 ffffffff 30 800] ------- [1:0 2:0 28 0] [0]
9	f 2.615548409 _14_ RTR --- 0 MFlood 532 [0 ffffffff 2d 800] ------- [1:0 2:0 27 0] [0]
10	D 2.615989041 _40_ MAC COL 0 MFlood 590 [0 ffffffff 22 800] ------- [1:0 2:0 27 0] [0]

下面对表 2.5 中的程序进行解释。

第 1 行：移动 Trace，该事件是节点 44 在 0.00000s 以 1.97m/s 的速度，从位置(1012.79, 989.26, 0.00)移动到位置(230.61, 780.22, 0.00)。

第 2 行：应用层 Trace，该事件是节点 1 在 2.556838879s 发送分组大小为 512Byte 的 CBR 分组，分组 ID 是 0，源节点是节点 1，端口号为 0，目的节点是节点 2，端口号为 0，分组的生存时间值(time to live，TTL)为 32 跳。

第 3 行：路由层 Trace，该事件是节点 1 接收 CBR 分组。

第 4 行：路由层 Trace，该事件是节点 1 的路由层发送 MFLOOD 分组。

第 5 行：MAC 层 Trace，该事件是节点 1 的 MAC 层发送 MFLOOD 分组。

第 6 行：MAC 层 Trace，该事件是节点 MAC 层在 2.561674262s 接收到 MFLOOD 分组。

第 7 行：路由层 Trace，该事件是节点 24 在 2.613787338s 因重复接收，丢弃 MFLOOD 分组。

第 8 行和第 9 行：路由层 Trace，分别表示节点 19 和节点 14 转发接收到的 MFLOOD 分组。

第 10 行：MAC 层 Trace，该事件是节点 40 在 2.615989041s 因为 MAC 层冲突而丢弃分组。

通过分析 Trace 文件可以得出想要的指标。NS-2 拥有完备的 Trace 机制，用户可以根据需求选择生成自己需要的 Trace，也可以更改/home/wqw/ns-allinone-2.34/ns-2.34/trace 目录下的相关文件，定制自己需要的 Trace。从 Trace 文件分析评价协议性能的指标，是 NS-2 仿真过程的关键环节。下面阐述从 mflood-example.tr 分析广播节省率(saved rebroadcast，SRB)、平均节点丢包率 P_{drop}、平均端对端延迟 Avdelay、平均节点冲突数量 N_{vcol} 和吞吐率 Th 的方法。

(1) 广播节省率

$$\text{SRB} = \frac{p_r - p_f}{p_r} \times 100\% \tag{2.1}$$

其中，p_r 为接收到的非重复分组数量；p_f 为转发的非重复分组数量。

从 mflood-example.tr 文件计算广播节省率的 srb.sh 程序如表 2.6 所示。

表 2.6　srb.sh 程序

行号	程序内容
1	#srb.sh
2	echo "foward packets"
3	grep f.*MFlood mflood-example.tr > g_f_all.txt
4	wc -l g_f_all.txt > f_stat.txt
5	awk '{print $1}' f_stat.txt > f_.txt
6	foward=$(cat f_.txt)
7	echo ${foward}

续表

行号	程序内容
8	echo "receive uniq packets times"
9	grep r.*MFlood mflood-example.tr > g_r_all.txt
10	awk '{print $3,$6}' g_r_all.txt > g_r_all_3_6.txt
11	awk '!a[$0]++' g_r_all_3_6.txt > g_r_3_6_uniq.txt
12	wc -l g_r_3_6_uniq.txt > r_stat.txt
13	awk '{print $1}' r_stat.txt > r_p_.txt
14	receive=$(cat r_p_.txt)
15	echo ${receive}
16	let srb=(receive-foward)*100
17	echo ${srb}
18	awk 'BEGIN{printf "%.4f\n",'$srb'/'$receive'}'
19	rm *.txt

下面对表中的程序进行解释。

第 3 行～第 7 行：统计转发的非重复分组数量 p_f。

第 3 行的功能是查询 mflood-example.tr 中以 f 开头且包含 MFlood 的行，并将内容输入 g_f_all.txt 文件。第 4 行的功能是统计 g_f_all.txt 行的数量，并将统计结果输出 f_stat.txt。第 5 行是提取第 4 行的统计结果。第 6 行的功能是将 p_f 结果赋给变量 forward。

第 9 行～第 15 行：统计接收到的非重复分组数量 p_r。

第 9 行的功能是查询 mflood-example.tr 中以 r 开头且包含 MFlood 的行，并将内容输入 g_r_all.txt 文件。第 10 行的功能是将 g_r_all.txt 文件的第 3 列和第 6 列输出 g_r_all_3_6.txt。这两列的内容分别代表发送节点 ID 和分组 ID，能够唯一标识一个分组。第 11 行的功能是去除 g_r_all_3_6.txt 文件的重复。第 12 行的功能是统计 g_r_all_3_6.txt 的行数。第 13 行的功能是将统计结果输入 r_p_.txt 文件。第 14 行的功能是将 r_p_.txt 文件中的内容 p_r 赋给变量 receive。

第 16 行～第 18 行：根据式(2.1)计算转播节省率。

第 19 行的功能是删除程序运行过程中产生的相关 txt 文件。

运行 srb.sh 脚本，得到的结果如图 2.6 所示。

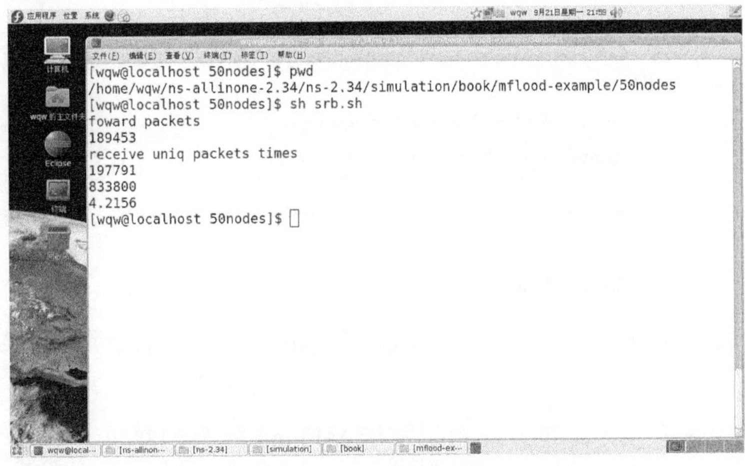

图 2.6　运行 srb.sh 脚本

(2) 平均节点丢包率

$$P_{\text{drop}} = \frac{\dfrac{P_d}{P_S}}{n} \tag{2.2}$$

其中，P_d 为丢弃的分组总数；P_S 为发送的分组总数；n 为网络中的节点总数。

从 mflood-example.tr 计算平均节点丢包率的程序，如表 2. 7 所示。

表 2.7　drop.awk 程序

程序内容

```
#drop.awk
BEGIN {
    node=50;
}
# send packets
$0 ~/^s.* RTR.* MFlood/ {
            sendLine++ ;
}
# drop packets
$0 ~/^D.* RTR.* MFlood / {
            dropLine ++ ;
```

续表

行号	程序内容
12	}
13	END {
14	printf("%d %d\n",sendLine, dropLine) ;
15	printf("%.4f \n",(dropLine/sendLine/node)) ;
16	}

下面对表中的程序进行解释。

第 2 行～第 4 行：初始化操作，将网络仿真过程中的节点数量赋给变量 node。

第 6 行～第 8 行：统计路由层发送 MFlood 分组的数量。

第 10 行～第 12 行：统计路由层丢弃 MFlood 分组的数量。

第 13 行～第 16 行：程序的 END 部分。第 14 行的功能是输出发送分组数量和丢弃分组数量。第 15 行的功能是计算平均节点丢包率，并在终端输出。

运行 drop.awk 脚本，得到的结果如图 2.7 所示。

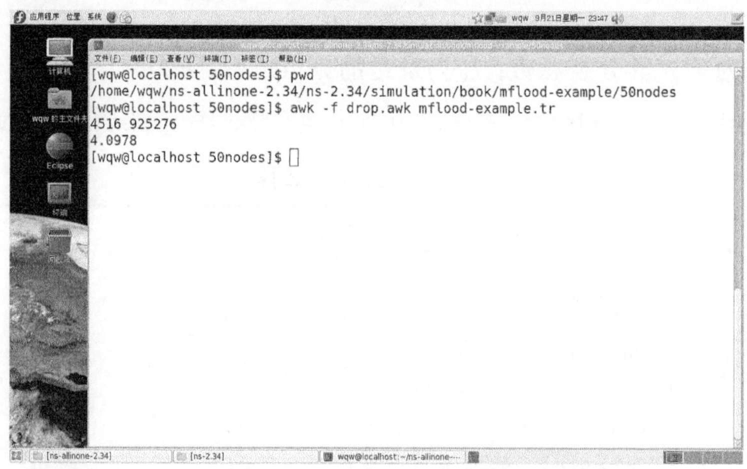

图 2.7　运行 drop.awk 脚本

(3) 平均端对端延迟

$$\text{Avdelay} = \frac{1}{N}\sum_{i=0}^{N}(R_{\text{time}}(i) - S_{\text{time}}(i)) \tag{2.3}$$

其中，N 为成功传输的数据分组数；$R_{\text{time}}(i)$ 为第 i 个分组到达目的节点的时间；$S_{\text{time}}(i)$ 为第 i 个分组的发送时间。

从 mflood-example.tr 计算平均端对端延迟的程序，如表 2.8 所示。

表 2.8　delay.awk 程序

```
#delay.awk
BEGIN {
   idHighestPacket = 0 ;
   idLowestPacket = 10000 ;
   rStartTime = 1000.0 ;
   rEndTime = 0.0 ;
   nSentPackets = 0 ;
   nReceivedPackets = 0 ;
   rTotalDelay = 0.0 ;
}
{
   strEvent = $1 ;
    rTime = $2 ;
   strAgt = $4 ;
   idPacket = $6 ;
   strType = $7 ;
   if ( strAgt == "AGT" && strType == "cbr" ) {
        if ( idPacket > idHighestPacket ) idHighestPacket = idPacket ;
        if ( idPacket < idLowestPacket ) idLowestPacket = idPacket ;
        if ( rTime > rEndTime ) rEndTime = rTime ;
        if ( rTime < rStartTime ) rStartTime = rTime ;
        if ( strEvent == "s" ) {
            nSentPackets += 1 ;
            rSentTime[ idPacket ] = rTime ;
      }
   }
if ( strEvent == "r" && idPacket >= idLowestPacket && strType == "MFlood"
       && strAgt == "AGT" ) {
            nReceivedPackets += 1 ;
```

续表

行号	程序内容
29	rReceivedTime[idPacket] = rTime ;
30	rDelay[idPacket] = rReceivedTime[idPacket] - rSentTime[idPacket] ;
31	}
32	}
33	END {
34	for (i=idLowestPacket; (i<idHighestPacket); i+=1)
35	rTotalDelay += rDelay[i] ;
36	if (nReceivedPackets != 0)
37	rAverageDelay = rTotalDelay / nReceivedPackets ;
38	printf("%.5f %d\n",rTotalDelay, nReceivedPackets) ;
39	printf(" %.5f \n",rAverageDelay) ;
40	}

下面对表中的程序进行解释。

第 2 行～第 10 行：程序的 BEGIN 部分，实现变量初始化。

第 12 行～第 16 行：将 mflood-example.tr 的相关列赋给相关变量。

第 17 行～第 26 行：统计发送分组的数量，记录发送分组的时间。

第 27 行～第 31 行：统计接收分组的数量，记录接收分组的时间，计算每个接收分组的延迟。

第 33 行～第 40 行：程序的 END 部分。第 34 行和第 35 行的功能是将延迟加起来。第 37 行的功能是计算平均端对端延迟。第 38 行和第 39 行的功能是输出结果。

在终端运行 delay.awk 脚本，结果如图 2.8 所示。

(4) 平均节点冲突数量

$$N_{\text{vcol}} = \frac{1}{n}\sum_{i=1}^{n} C(i) \tag{2.4}$$

其中，n 为网络中节点总数；$C(i)$ 为节点 i 在仿真过程中 MAC 层产生的冲突

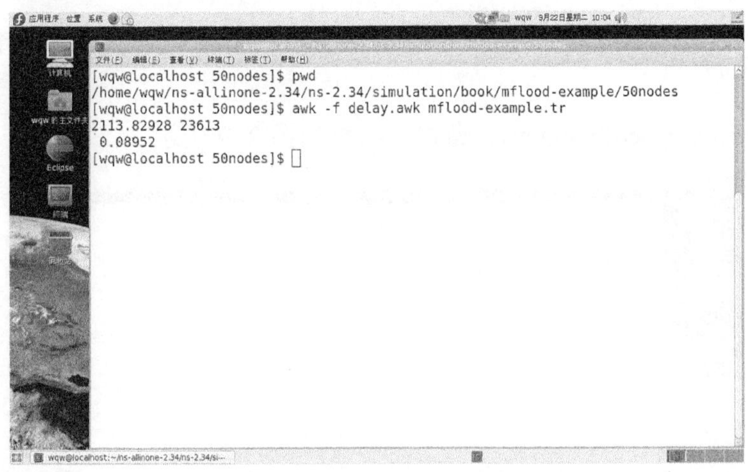

图 2.8　运行 delay.awk 脚本

数量。

从 mflood-example.tr 计算平均节点冲突数量的程序，如表 2.9 所示。

表 2.9　collision.awk 程序

行号	程序内容
1	#collision.awk
2	BEGIN {
3	node=50;
4	collisionLine=0;
5	}
6	# collision packets
7	$0 ~/^D.* MAC.* COL / {
8	collisionLine ++ ;
9	}
10	END {
11	printf("%d \n",collisionLine) ;
12	printf("%.4f \n",collisionLine/node) ;
13	}

下面对表中的程序进行解释。

第 2 行～第 5 行：程序的 BEGIN 部分，实现变量初始化。

第 7 行～第 9 行：统计 MAC 冲突数量，并将结果赋给变量 collisionLine。

第 10 行～第 13 行：程序的 END 部分，输出冲突总数和平均节点冲突数量。

在终端运行 collision.awk 脚本，结果如图 2.9 所示。

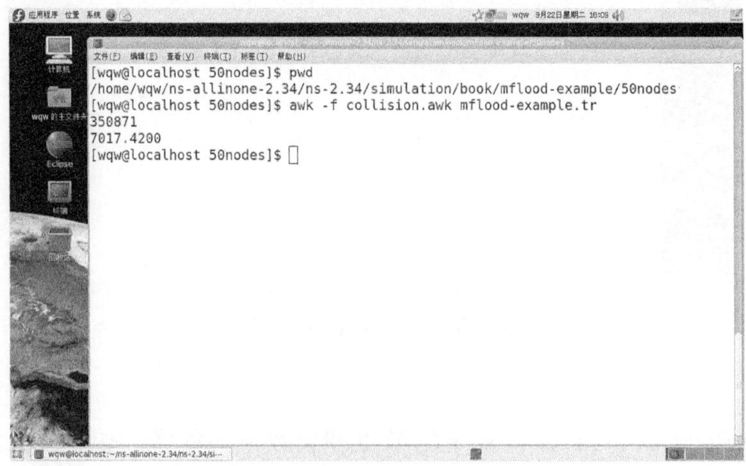

图 2. 9　运行 collision.awk 脚本

(5) 吞吐率

$$\mathrm{Th}=\frac{1}{T_{\mathrm{Rend}}-T_{\mathrm{Rstart}}}\sum_{i=0}^{N}R_{\mathrm{bytes}}(i)\times 8 \tag{2.5}$$

其中，$R_{\mathrm{bytes}}(i)$ 为成功到达目的地的第 i 个分组的字节数；N 为目的地接收的总的分组数量；T_{Rend} 为网络中结束接收数据分组的时间；T_{Rstart} 为网络中开始有数据分组发送的时间。

从 mflood-example.tr 计算吞吐率的程序，如表 2.10 所示。

表 2.10　throughput.awk 程序

程序内容

```
#throughput.awk
BEGIN {
   idHighestPacket = 0;
   idLowestPacket = 10000 ;
   rStartTime = 1000.0 ;
   rEndTime = 0.0 ;
```

续表

行号	程序内容
7	nReceivedBytes = 0 ;
8	}
9	{
10	strEvent = $1 ;
11	rTime = $2 ;
12	strAgt = $4 ;
13	idPacket = $6 ;
14	strType = $7 ;
15	nBytes = $8 ;
16	if (strAgt == "AGT" && strType == "cbr") {
17	if (idPacket > idHighestPacket) idHighestPacket = idPacket ;
18	if (idPacket < idLowestPacket) idLowestPacket = idPacket ;
19	if (rTime > rEndTime) rEndTime = rTime ;
20	if (rTime < rStartTime) rStartTime = rTime ;
21	}
22	if (strEvent == "r" && idPacket >= idLowestPacket) {
23	nReceivedBytes += nBytes ;
24	}
25	}
26	END {
27	rTime = rEndTime - rStartTime ;
28	rThroughput = nReceivedBytes*8 / (rEndTime - rStartTime) ;
29	printf("%15.2f \n", rThroughput) ;
30	}

下面对表中的程序进行解释。

第 2 行～第 8 行：程序的 BEGIN 部分，实现变量初始化。

第 10 行～第 15 行：将 mflood-example.tr 的相关列的值赋给相应的变量。

第 16 行～第 24 行：记录网络仿真过程中开始发送分组时间和结束分组发送时间，计算目的节点接收到分组的字节数。

第 26 行～第 30 行：程序的 END 部分，输出结果吞吐率。

在终端运行 throughput.awk 脚本，结果如图 2.10 所示。

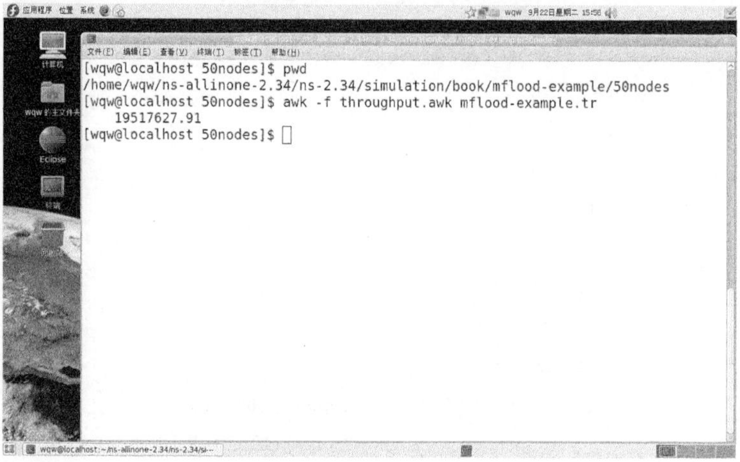

```
[wqw@localhost 50nodes]$ pwd
/home/wqw/ns-allinone-2.34/ns-2.34/simulation/book/mflood-example/50nodes
[wqw@localhost 50nodes]$ awk -f throughput.awk mflood-example.tr
    19517627.91
[wqw@localhost 50nodes]$
```

图 2.10　运行 throughput.awk 脚本

2.3　NS-2 仿真 AODV 协议实例

2.3.1　AODV 协议原理

AODV 协议是 Ad Hoc 网络经典的按需路由协议。在 AODV 协议中，当源节点需要发送分组给目的节点，而没有到目的节点的路由时，就开启路由发现过程。源节点先广播一个路由请求(route request，RREQ)分组给所有邻居，其邻居节点再转发这个 RREQ 分组。如此循环，直到 RREQ 分组到达目的节点或到达知道去往目的节点路由的中间节点。AODV 协议使用目的节点的序列号，确保路由信息的及时性，不产生循环路由。产生 RREQ 分组时，源节点 ID 和广播 ID 唯一标识一个 RREQ，源节点在广播 RREQ 时，将这两个信息添加到 RREQ 分组中。中间节点收到 RREQ 分组后，在转发 RREQ 的同时建立反向路由。当 RREQ 分组到达目的节点或者知道目的节点路由的中间节点时，它会沿着反向路由发送路由回复分组(route reply，RREP)。当 RREP 分组到达源节点时，源节点到目的节点路由就建好了，源节点随即利用建立好的路径发送数据分组给目的节点。

2.3.2　仿真参数

仿真环境是带有 CMU 无线扩展的 NS-2(Version 2.34)，仿真场景为 1500m×1500m 的矩形区域，仿真时间为 200s。网络的节点数量为 275，节点的无线传输半径为 250m，网络带宽为 2Mbit/s。具体仿真参数如表 2.11 所示。

表 2.11　仿真参数

参数名称	数值
路由层协议	AODV 协议
MAC 层协议	802.11
传播模型	TwoRayGround
信道	WirelessChannel
物理层	WirelessPhy
队列模型	PriQueue
队列长度	50
逻辑链路层模型	LL
节点数量	275 个
节点传输半径	250m
仿真时间	500s
仿真场景	1500m×1500m
数据流	CBR
数据流连接数	10 个
源节点每秒发送分组数	1 个
移动模型	RWP
节点最大移动速度	10m/s
暂停时间	100s
队列长度	50

2.3.3　仿真步骤

步骤 1：设置仿真协议。在仿真过程中，设置路由协议为 AODV 协议。

步骤 2：创建网络拓扑。NS-2 中 setdest 工具可以生成网络移动场景，它在/home/wqw/ns-allinone-2.34/ns-2.34/indep-utils/cmu-scen-gen/setdest 目录下，在终端用 cd 命令运行 cd indep-utils/cmu-scen-gen/setdest/，可以切换到该目录，然后运行下面命令生成网络移动场景./setdest -n 275 -p 100.0 -M 10-t 200 -x 1500 -y 1500 > sc。

步骤 3：创建数据流。数据流生成工具 cbrgen 用来生成网络负载，可以生成 CBR 和 TCP。cbrgen 的文件在/home/wqw/ns-allinone-2.34/ns-2.34/indep-utils/cmu-scen-gen 目录，利用 cd 命令切换到该目录，然后运行 ns cbrgen.tcl-type cbr -nn 100 -seed 1 -mc 10 -rate 1.0 > cbr。

步骤 4：编写运行仿真脚本。在确定仿真参数，生成网络场景文件 cbr 和数据流文件 sc 后，下一步的工作就是编写 Tcl 仿真脚本，如表 2.12 所示。

表 2.12　aodv-example.tcl 程序

程序内容

```
# aodv-example.tcl
#get the paramaters
#==================================================
set var1 [lindex $argv 0]
set var2 [lindex $argv 1]
#==================================================
# Define options
#==================================================
set val(chan)        Channel/WirelessChannel
set val(prop)        Propagation/TwoRayGround
set val(netif)       Phy/WirelessPhy
set val(mac)         Mac/802_11
set val(ifq)         Queue/DropTail/PriQueue
set val(ll)          LL
set val(ant)         Antenna/OmniAntenna
set val(x)           1500;# X dimension of the topography
set val(y)           1500;# Y dimension of the topography
set val(ifqlen)      50;# max packet in ifq
set val(seed)        1.0
set val(rp)
```

续表

程序内容

```
set val(nn)              275;# how many nodes are simulated
set val(cp)              "$var1"
set val(sc)              "$var2"
set opt(energymodel)      EnergyModel;
set opt(initialenergy)    200;# Initial energy in Joules
set val(stop)
#==================================================
# Main Program
#==================================================
remove-all-packet-headers
add-packet-header IP
add-packet-header Common
add-packet-header AODV
add-packet-header LL
add-packet-header Mac
# Initialize Global Variables
set ns_ [new Simulator]
set tracefd [open aodv-example.tr w]
$ns_ trace-all $tracefd
# set up topography
set topo [new Topography]
$topo load_flatgrid $val(x) $val(y)
set namtrace [open aodv-example.nam w]
$ns_ namtrace-all-wireless $namtrace $val(x) $val(y)
# Create God
set god_ [create-god $val(nn)]
# Create the specified number of mobilenodes [$val(nn)] and "attach" them
# to the channel. configure node
set channel [new Channel/WirelessChannel]
$channel set errorProbability_ 0.0
          $ns_ node-config -adhocRouting $val(rp) \
             -llType $val(ll) \
             -macType $val(mac) \
```

续表

程序内容

```
            -ifqType $val(ifq) \
            -ifqLen $val(ifqlen) \
            -antType $val(ant) \
            -propType $val(prop) \
            -phyType $val(netif) \
            -channel $channel \
            -topoInstance $topo \
            -agentTrace ON \
            -routerTrace ON\
            -macTrace ON \
            -movementTrace OFF \
            -energyModel $opt(energymodel) \
            -idlePower 1.15 \
            -rxPower 1.2 \
            -txPower 1.6 \
                -sleepPower 0.001 \
                -transitionPower 0.2 \
                -transitionTime 0.005 \
            -initialEnergy $opt(initialenergy)
for {set i 0} {$i < $val(nn)} {incr i} {
  set node_($i) [$ns_ node]
  $node_($i) random-motion 0;
}
# Define traffic model
puts "Loading traffic file..."
source $val(cp)
puts "Loading scenario file..."
source $val(sc)
# Define node initial position in nam
for {set i 0} {$i < $val(nn)} {incr i} {
    # 20 defines the node size in nam, must adjust it according to your scenario
    # The function must be called after mobility model is defined
    $ns_ initial_node_pos $node_($i) 50
```

续表

行号	程序内容
87	}
88	# Tell nodes when the simulation ends
89	for {set i 0} {$i < $val(nn) } {incr i} {
90	$ns_ at $val(stop).0 "$node_($i) reset";
91	}
92	$ns_ at $val(stop).0 "stop"
93	$ns_ at $val(stop).01 "puts \"NS EXITING...\" ; $ns_ halt"
94	proc stop {} {
95	global ns_ tracefd
96	$ns_ flush-trace
97	close $tracefd
98	}
99	puts "Starting Simulation..."
100	$ns_ run

下面对表 2.12 中程序进行解释。

第 4 行和第 5 行：获取命令行参数。

第 9 行～第 26 行：设置仿真的全局变量，其中第 22 行和第 23 行的数据流和移动场景文件是变量。

第 30 行～第 35 行：为了加快仿真速度，移除所有的分组头，然后添加与仿真相关的分组头。

第 37 行～第 39 行：设置输出 Trace 文件名称，记录仿真过程中发生的事件。

第 41 行～第 44 行：设置输出 Nam 文件名称，以动画的方式演示仿真过程。

第 46 行：设置 GOD 存储仿真相关信息。

第 49 行：设置信道。

第 50 行：设置信道的错误概率。

第 51 行～第 72 行：配置节点，其中第 61 行～第 64 行是应用层、物理层、MAC 层和节点移动的 Trace 的开关，可以根据需要进行设置，第 65 行～第 72 行是设置节点的能量模型。

第 73 行～第 76 行：初始化节点的地理位置。

第 78 行和第 79 行：导入数据流文件。

第 80 行和第 81 行：导入节点移动场景文件。

第 83 行～第 87 行：定义节点的大小和 Nam 中的位置。

第 89 行～第 100 行：定义仿真结束过程。

将仿真脚本 aodv-example.tcl、数据流文件 cbr 和节点移动场景文件 sc 放到 /home/wqw/ns-allinone-2.34/ns-2.34/simulation/book/aodv-example 目录下，然后在终端带参数运行 aodv-example.tcl 脚本，如图 2.11 所示。

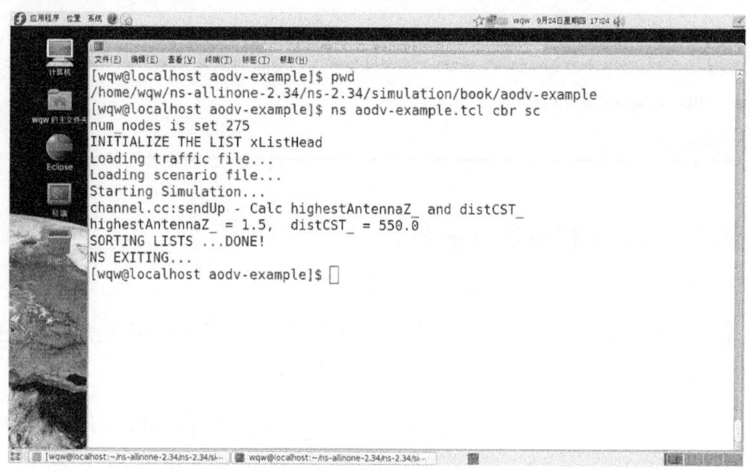

图 2.11　带参数运行 aodv-example.tcl 脚本

运行完 aodv-example.tcl 后，可以看到目录中产生 Nam 文件 aodv-example.nam 和 Trace 文件 aodv-example.tr，首先运行 Nam 文件(图 2.12)对仿真过程进行动画演示。

图 2.13～图 2.16 是运行 aodv-example.nam 后，动画演示仿真过程的截图，当网络中的节点运用能量模型时，节点的颜色初始为绿色，随着网络仿真过程的进行，节点的能量逐渐减少，颜色逐渐变为黄色和红色，aodv-example.nam 能清晰地展示这个变化过程。

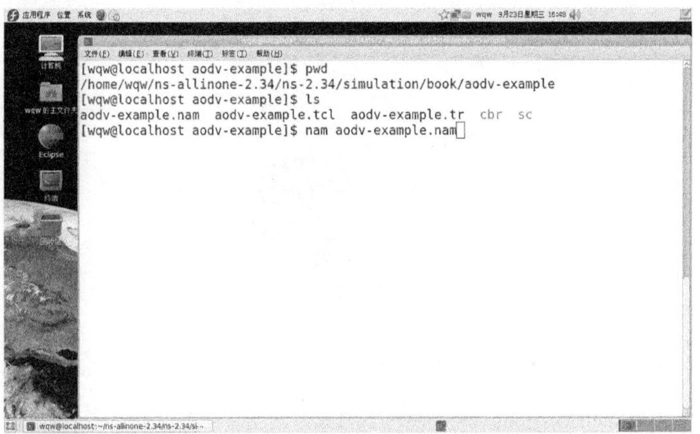

图 2.12　运行 Nam 文件

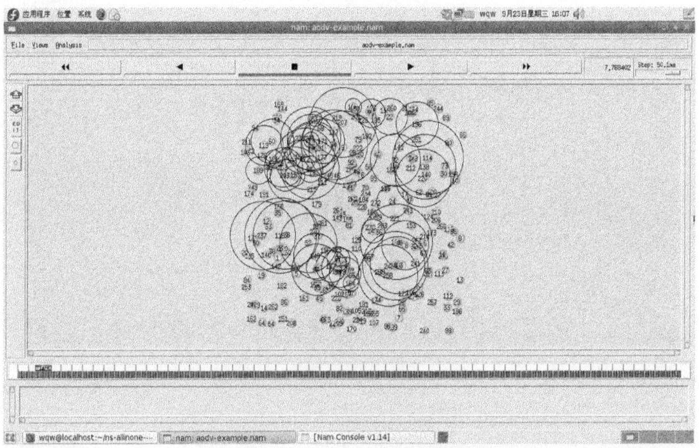

图 2.13　Nam 动画演示 1

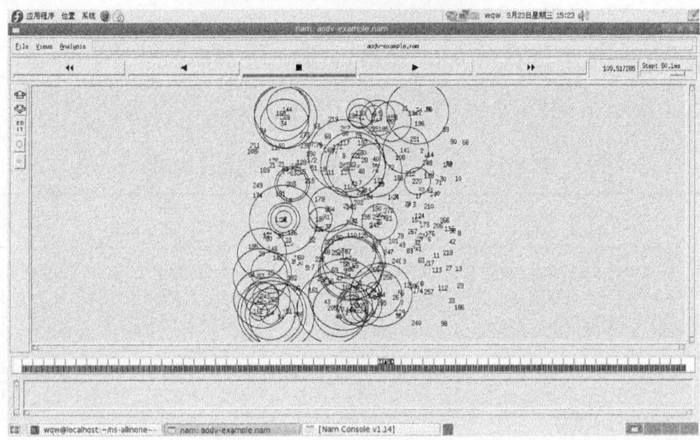

图 2.14　Nam 动画演示 2

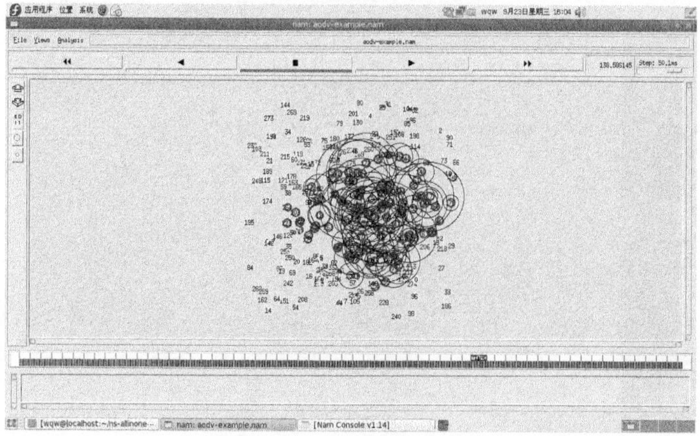

图 2.15　Nam 动画演示 3

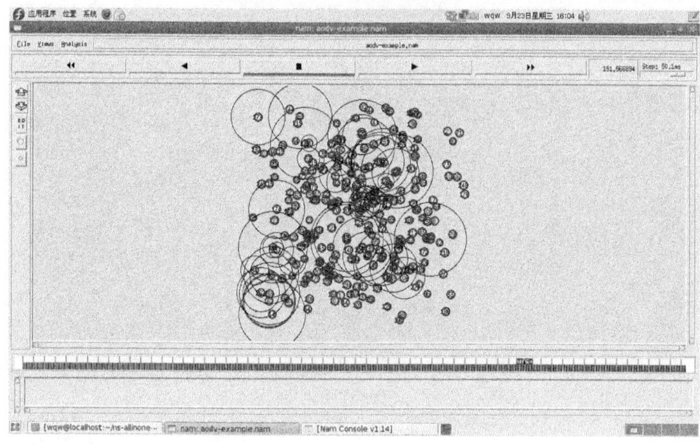

图 2.16　Nam 动画演示 4

步骤 5：处理统计仿真结果。分析 Trace 是 NS-2 网络仿真工作的精华所在。aodv-example.tr 的部分内容如表 2.13 所示。

表 2.13　aodv-example.tr 的部分内容

行号	事件
1	r 2.557827065 _38_ RTR --- 0 AODV 48 [0 ffffffff 1 800] [energy 197.058485 ei 2.940 es 0.000 et 0.000 er 0.001] ------- [1:255 -1:255 30 0] [0x2 1 1 [2 0] [1 4]] (REQUEST)
2	r 2.557827075 _142_ RTR --- 0 AODV 48 [0 ffffffff 1 800] [energy 197.058485 ei 2.940 es 0.000 et 0.000 er 0.001] ------- [1:255 -1:255 30 0] [0x2 1 1 [2 0] [1 4]] (REQUEST)

续表

行号	事件
3	r 2.557827091 _23_ RTR --- 0 AODV 48 [0 ffffffff 1 800] [energy 197.058485 ei 2.940 es 0.000 et 0.000 er 0.001] ------- [1:255 -1:255 30 0] [0x2 1 1 [2 0] [1 4]] (REQUEST)
4	r 2.557827101 _160_ RTR --- 0 AODV 48 [0 ffffffff 1 800] [energy 197.058485 ei 2.940 es 0.000 et 0.000 er 0.001] ------- [1:255 -1:255 30 0] [0x2 1 1 [2 0] [1 4]] (REQUEST)
5	r 2.557827107 _120_ RTR --- 0 AODV 48 [0 ffffffff 1 800] [energy 197.058485 ei 2.940 es 0.000 et 0.000 er 0.001] ------- [1:255 -1:255 30 0] [0x2 1 1 [2 0] [1 4]] (REQUEST)
6	r 2.557827155 _146_ RTR --- 0 AODV 48 [0 ffffffff 1 800] [energy 197.058485 ei 2.940 es 0.000 et 0.000 er 0.001] ------- [1:255 -1:255 30 0] [0x2 1 1 [2 0] [1 4]] (REQUEST)
7	N -t 2.558351 -n 250 -e 197.056837
8	s 2.586244757 _2_ RTR --- 0 AODV 44 [0 0 0 0] [energy 197.025508 ei 2.966 es 0.000 et 0.000 er 0.008] ------- [2:255 1:255 30 220] [0x4 1 [2 4] 10.000000] (REPLY)
9	D 2.586324106 _258_ MAC COL 0 AODV 106 [0 ffffffff 37 800] [energy 197.023954 ei 2.950 es 0.000 et 0.000 er 0.026] ------- [55:255 -1:255 24 0] [0x2 7 1 [2 0] [1 4]] (REQUEST)
10	s 13.771520361 _5_ RTR --- 0 AODV 32 [0 0 0 0] [energy 184.098327 ei 15.071 es 0.000 et 0.126 er 0.705] ------- [5:255 -1:255 1 0] [0x8 1 [2 0] 0.000000] (ERROR)

下面对表 2.13 中程序进行解释。

第 1 行：路由层 Trace，该事件是节 38 在 2.557827065s 接收到路由请求分组 RREQ，节点此时的剩余能量为 197.058485J，空闲状态的能量消耗为 2.940J，睡眠状态和发送分组消耗的能量都为 0，接收分组的能量消耗为 0.001J，路由请求分组的源节点是节点 1，广播 ID 是 1，目的节点是节点 2。

第 2 行～第 6 行：路由层 Trace，这些事件代表节点在路由层接收到路由请求分组，可以参考第 1 行进行解释。

第 7 行：该事件为节点 250 在 2.558351s 的剩余能量(197.056837J)。

第 8 行：路由层 Trace，该事件是节点 2 在 2.586244757s 发送路由回复 REPLY。该路由回复分组的目的节点是节点 2，目的地址序列是 4，生存时间是 10s。

第 9 行：MAC 层 Trace，该事件是节点 258 在 2.586324106s 因为冲突丢弃路由请求分组，节点此时的剩余能量为 197.023954J，空闲状态的能量消耗为 15.071J，睡眠状态和发送分组消耗的能量都为 0，接收分组的能量消耗为 0.026J。

第 10 行：路由层 Trace，该事件是节点 5 在 13.771520361s 发送路由错误分组 ERROR，节点此时的剩余能量为 184.098327J，空闲状态的能量消耗为 2.950J，睡眠状态的能量消耗为 0，发送分组消耗的能量为 0.126，接收分组的能量消耗为 0.705J，该路由错误分组的目的地址是节点 2，目的地址序列号是 0，生存时间是 0s。

下面从 aodv-example.tr 文件分析数据发送成功率 Pdelivery、路由开销 Nload、MAC 开销 Mload、网络生命周期 Life、平均端对端延迟 Avdelay、吞吐率 Th 的方法。

(1) 数据发送成功率

$$\text{Pdelivery} = \frac{P_R}{P_S} \times 100\% \tag{2.6}$$

其中，P_R 表示成功到达目的地的数据分组数；P_S 表示源节点发送的数据分组总数。

从 aodv-example.tr 计算数据发送成功率的程序，如表 2.14 所示。

表 2.14　pdelivery.awk 程序

行号　　程序内容

```
#pdelivery.awk
BEGIN {
   idHighestPacket = 0 ;
   idLowestPacket = 10000 ;
   rStartTime = 1000.0 ;
   rEndTime = 0.0 ;
   nSentPackets = 0 ;
   nReceivedPackets = 0 ;
}
```

续表

行号	程序内容
10	{
11	strEvent = $1 ;
12	strAgt = $4 ;
13	idPacket = $6 ;
14	strType = $7 ;
15	if (strAgt == "AGT" && strType == "cbr") {
16	if (idPacket > idHighestPacket) idHighestPacket = idPacket ;
17	if (idPacket < idLowestPacket) idLowestPacket = idPacket ;
18	if (strEvent == "s") {
19	nSentPackets += 1 ;
20	}
21	if (strEvent == "r" && idPacket >= idLowestPacket) {
22	nReceivedPackets += 1 ;
23	}
24	}
25	}
26	END {
27	rPacketDeliveryRatio = nReceivedPackets / nSentPackets * 100 ;
28	printf(" %10.2f \n",rPacketDeliveryRatio) ;
29	}

下面对表中的程序进行详细解释。

第 2 行～第 9 行：程序的 BEGIN 部分，实现变量初始化。

第 11 行～第 14 行：将 aodv-example.tr 相关列的值赋给相应的变量。

第 15 行～第 20 行：记录源节点发送分组的总数。

第 21 行～第 23 行：连同前面的第 15 行，记录目的节点接收分组的总数。

第 26 行～第 29 行：程序的 END 部分，计算 Pdelivery 并输出结果。

在终端运行 pdelivery.awk 脚本，结果如图 2.17 所示。

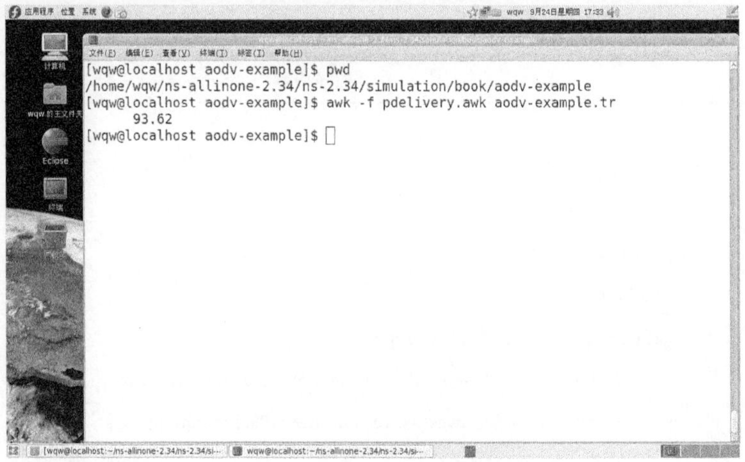

图 2.17　运行 pdelivery.awk 脚本

(2) 路由开销

$$\text{Nload} = \frac{P_C}{P_D} \tag{2.7}$$

其中，P_C 表示节点发送的控制分组的总数量；P_D 表示目的节点接收的数据分组总数。

从 aodv-example.tr 中计算路由开销的 awk 程序如表 2.15 所示。

表 2.15　nload.awk 程序

```
#nload.awk
BEGIN {
 idHighestPacket = 0 ;
  idLowestPacket = 10000 ;
  nReceivedPackets = 0 ;
  pkt_route_sum = 0.0 ;
}
{
  strEvent = $1 ;
  strAgt = $4 ;
  idPacket = $6 ;
  strType = $7 ;
```

续表

行号	程序内容
13	if (strAgt == "AGT" && strType == "cbr") {
14	if (idPacket > idHighestPacket) idHighestPacket = idPacket ;
15	if (idPacket < idLowestPacket) idLowestPacket = idPacket ;
16	if (strEvent == "r" && idPacket >= idLowestPacket) {
17	nReceivedPackets += 1 ;
18	}
19	}
20	}
21	$0 ~/^s.*RTR.*AODV/ {
22	pkt_route_sum = pkt_route_sum + 1 ;
23	}
24	END {
25	rRoutingLoad = pkt_route_sum/nReceivedPackets;
26	printf(" %10.2f\n",rRoutingLoad) ;
27	}

下面对表中的程序进行解释。

第 2 行～第 7 行：程序的 BEGIN 部分，实现变量初始化。

第 9 行～第 12 行：将 aodv-example.tr 相关列的值赋给相应的变量。

第 13 行～第 19 行：统计目的节点接收分组的总数。

第 21 行～第 23 行：统计路由层发送的控制分组总数。

第 24 行～第 27 行：程序的 END 部分，计算 Nload 并输出结果。

在终端运行 nload.awk 脚本，结果如图 2.18 所示。

(3) MAC 开销

$$\text{Mload} = \frac{P_M}{P_D} \tag{2.8}$$

其中，P_M 表示节点 MAC 层发送的控制分组的总数量；P_D 表示目的节点接收的数据分组总数。

从 aodv-example.tr 中计算 MAC 开销的 awk 程序如表 2.16 所示。

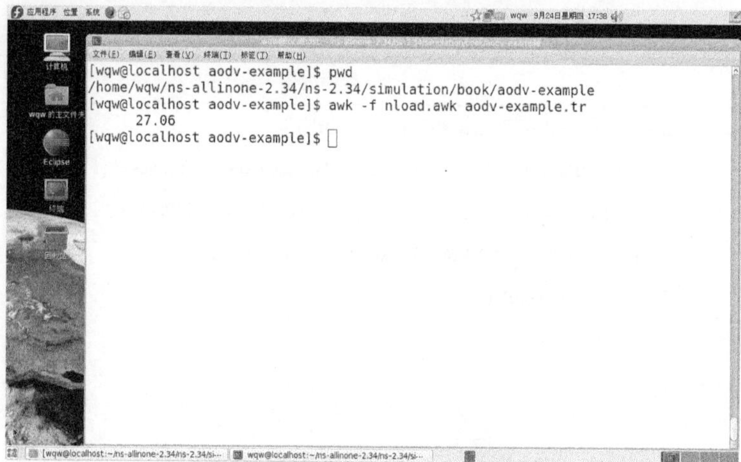

图 2.18　运行 nload.awk 脚本

表 2.16　mload.awk 程序

```
#mload.awk
BEGIN {
  idHighestPacket = 0 ;
  idLowestPacket = 10000 ;
  nReceivedPackets = 0 ;
  mac_pkt_route_sum   = 0.0 ;
}
{
  strEvent = $1 ;
  strAgt = $4 ;
  idPacket = $6 ;
  strType = $7 ;
  if ( strAgt == "AGT" && strType == "cbr" ) {
      if ( idPacket > idHighestPacket ) idHighestPacket = idPacket;
      if ( idPacket < idLowestPacket ) idLowestPacket = idPacket;
      if ( strEvent == "r" && idPacket >= idLowestPacket ) {
        nReceivedPackets += 1;
        }
    }
}
```

续表

行号	程序内容
21	$0 ~/^s.*MAC/ {
22	mac_pkt_route_sum = mac_pkt_route_sum + 1;
23	}
24	END {
25	mRoutingLoad = mac_pkt_route_sum/nReceivedPackets;
26	printf(" %10.2f\n",mRoutingLoad) ;
27	}

下面对表中的程序进行解释。

第 2 行～第 7 行：程序的 BEGIN 部分，实现变量初始化。

第 9 行～第 12 行：将 aodv-example.tr 相关列的值赋给相应的变量。

第 13 行～第 19 行：统计目的节点接收分组的总数。

第 21 行～第 23 行：统计 MAC 层发送的控制分组的总数。

第 24 行～第 27 行：程序的 END 部分，计算 Mload 并输出结果。

在终端运行 mload.awk 脚本，结果如图 2.19 所示。

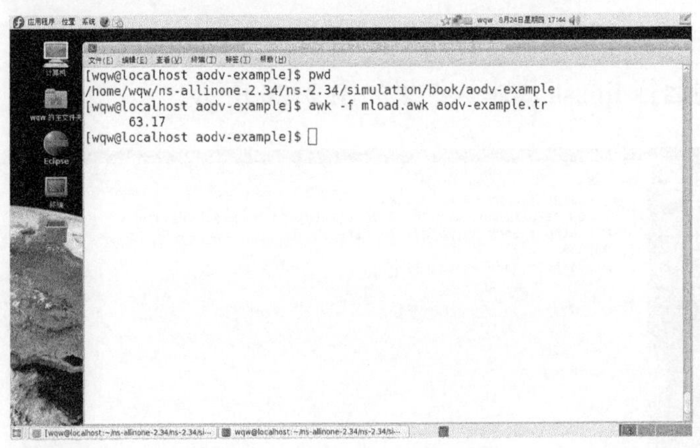

图 2.19　运行 mload.awk 脚本

(4) 网络生命周期

网络仿真过程第一个节点死亡的时间。从 aodv-example.tr 计算网络生命周期的程序如表 2.17 所示。

表 2.17　life.sh 程序

行号	程序内容
1	#life.sh
2	grep ' -e 0 ' aodv-example.tr > e_0_all.txt
3	awk 'NR==1' e_0_all.txt > e_0_all_first.txt
4	awk '{print $3}' e_0_all_first.txt > e.txt
5	life=$(cat e.txt)
6	echo $ life
7	rm *.txt

下面对表中的程序进行详细解释。

第 2 行：查找到 aodv-example.tr 文件中包含-e 0 的行，并输出 e_0_all.txt 文件。

第 3 行：输出 e_0_all.txt 的第 1 行给 e_0_all_first.txt 文件。

第 4 行：打印 e_0_all_first.txt 文件的第 3 列输出 e.txt。

第 5 行和第 6 行：将文件 e.txt 中的值赋给变量 life，并输出网络生命周期 life 。

第 7 行：删除程序运行过程中产生的相关 txt 文件。

在终端运行 life.sh 脚本，结果如图 2. 20 所示。

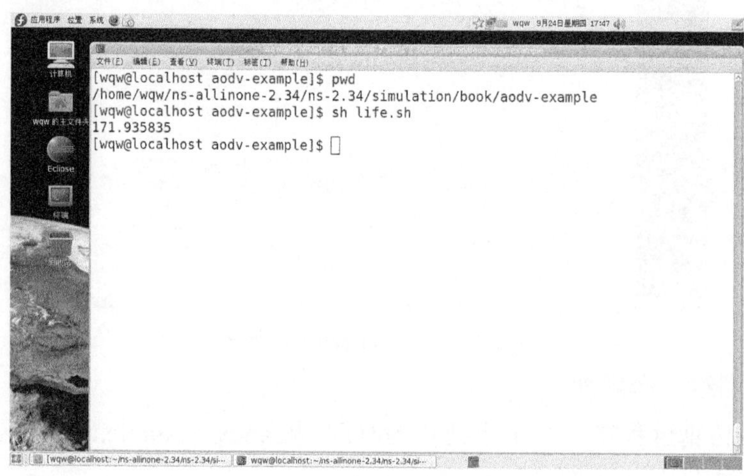

图 2. 20　运行 life.sh 脚本

(5) 平均端对端延迟

平均端对端延迟的定义与 MFLOOD 实例部分的式(2.3)相同。

从 aodv-example.tr 计算平均端对端延迟的程序如表 2.18 所示。

表 2.18　avdelay.awk 程序

程序内容

```
#avdelay.awk
BEGIN {
  idHighestPacket = 0 ;
  idLowestPacket = 10000 ;
  rStartTime = 1000.0 ;
  rEndTime = 0.0 ;
  nReceivedPackets = 0 ;
  rTotalDelay = 0.0 ;
}
{
  strEvent = $1 ;
   rTime = $2 ;
  strAgt = $4 ;
  idPacket = $6 ;
  strType = $7 ;
  if ( strAgt == "AGT" && strType == "cbr" ) {
       if ( idPacket > idHighestPacket ) idHighestPacket = idPacket ;
       if ( idPacket < idLowestPacket ) idLowestPacket = idPacket ;
       if ( rTime > rEndTime ) rEndTime = rTime ;
       if ( rTime < rStartTime ) rStartTime = rTime ;
       if ( strEvent == "s" ) {
       rSentTime[ idPacket ] = rTime ;
       }
     if ( strEvent == "r" && idPacket >= idLowestPacket ) {
          nReceivedPackets += 1 ;
          rReceivedTime[ idPacket ] = rTime ;
          rDelay[ idPacket ] = rReceivedTime[ idPacket ] - rSentTime[ idPacket ] ;
          }
    }
```

续表

程序内容

```
}
END {
   for ( i=idLowestPacket; ( i<idHighestPacket ); i+=1 )
        rTotalDelay += rDelay[ i ] ;
   if ( nReceivedPackets != 0 )
        rAverageDelay = rTotalDelay / nReceivedPackets ;
        printf(" %15.5f \n",rAverageDelay) ;
}
```

表 2.18 中的程序与表 2. 8 中程序大同小异，这里不再解释。

在终端运行 avdelay.awk 程序，结果如图 2.21 所示。

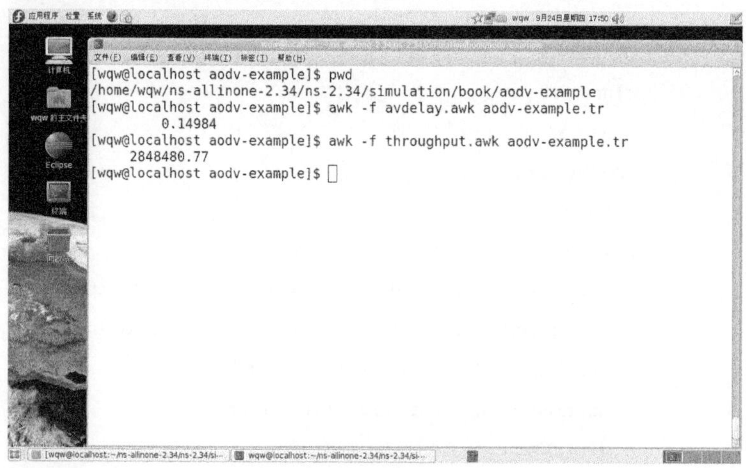

图 2.21　运行 avdelay.awk 和 throughput.awk 脚本

(6) 吞吐率

吞吐率的定义与 MFLOOD 实例部分的式(2.5)相同，从 aodv-example.tr 计算吞吐率的程序与表 2.10 中程序 throughput.awk 相同。

在终端运行 throughput.awk 程序，结果如图 2.21 所示。

从上面的两个实例可以得出，NS-2 网络仿真大致可以分为两个步骤。

第一步：运行 Tcl 脚本，产生 Trace 文件和 Nam 文件。

输入：Tcl 脚本。

输出：Trace 和 Nam。

在这一过程中，用 cbrgen 生成数据流文件，用 setdest 生成节点移动场景文件，用 Tcl 编写仿真脚本，然后在终端运行，就可以产生 Trace 文件和 Nam 文件。NS-2 使用 OTcl 和 C++两种语言开发，相当于前台和后台，把协议的使用和开发区分开，使 NS-2 具有清晰的架构。从 NS-2 使用者角度而言，cbrgen 和 setdest 的使用，Tcl 脚本的编写，不需要很强的编程能力。从 NS-2 协议开发者角度而言，OTcl 和 C++绑定机制成熟完善，提供了大量的协议源代码给开发者参考，方便开发者写出自己的协议。

第二步：处理 Trace 文件，计算统计性能指标结果。

输入：Trace 文件。

输出：性能指标的值。

NS-2 具有成熟完备的 Trace 机制，Trace 文件能够记录应用层、MAC 层、路由层、节点移动和能量信息。Trace 文件相当于一个大数据，处理 Trace 的过程相当于在大数据中计算统计性能指标。在处理 mflood-example.tr 和 aodv-example.tr 两个 Trace 文件的过程中，我们充满了想象力，没有拘泥于 AWK 语言，而是充分使用 grep、wc 和 cat 等 Linux 系统命令，结合 AWK 脚本，通过对 Trace 文件内容的提取、输出、分割、去重复和统计等操作，得出评价指标的值。在分析 Trace 脚本的过程中，我们使用的脚本是非常简单的，不需要很强的编程能力。分析 Trace 文件的灵感来自我们的科研实践经验，大家可以借鉴，但是不要受此限制。在处理 Trace 文件的思路和方法上，没有最好、只有更好。此外，perl 和 python 等语言也能进行 Trace 文件的分析工作。

对于 NS-2 初学者而言，往往因为知识存在断点，找不到学会 NS-2 的索道，学习过程如车陷泥泞，找不到前进的方向。通过上面的梳理，可以深切地感受到 NS-2 拥有清晰的架构、完善的 Trace 机制，分析 Trace 文件不需要很强的编程能力。

2.4　NS-2 调试方法

NS-2 的调试工作是协议开发和仿真工作的基础。NS-2 是 OTcl 和 C++两种语言开发的。OTcl 是解释性语言，需要调试的机会并不多，用户只需要用简单的输出语句就能准确定位程序的 bug。如果用户想要改进 NS-2 自带的协议，或者在 NS-2 平台开发新的协议，就需要写 C++代码。在写 C++代码的过程中，出现 bug 是在所难免的，通过调试排除程序中的 bug 是开发协议的关键环节。对于初学者而言，调试 NS-2 面临非常多的困难，主要体现在以下方面。

① NS-2 的构件资源非常丰富。NS-2 是系统级的网络仿真软件，架构非常复杂。仿真路由协议的过程中，不单单是路由层的仿真，还需要无线信道、物理层、MAC 层、传输层和应用层，以及节点的移动模型和能量模型配合，因此给调试工作带来难度。

② Linux 系统环境限制。大多数用户受 Windows 图形界面的影响，对 Linux 系统环境不熟悉，不熟悉 Linux 的相关操作和命令，导致对 NS-2 调试工作望而却步。实际上，在 Linux 系统环境下调试程序，是一个熟能生巧的过程。

下面详细介绍在 Fedora 10 系统环境下调试 NS-2 的方法。

想要对 NS-2 进行调试，需要首先更改/home/wqw/ns-allinone-2.34/ns-2.34 目录下的 Makefile 文件，修改第 56 行的 CCOPT 值，如图 2.22 所示。

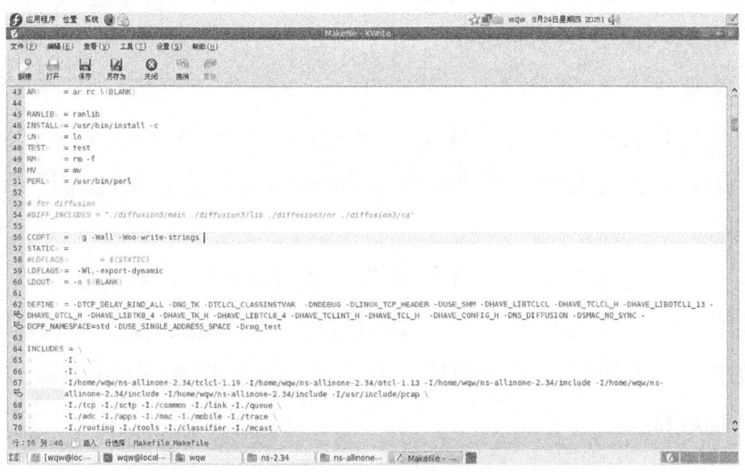

图 2.22　Makefile 文件的修改

将 CCOPT =-Wall -Wno-write-strings 修改为 CCOPT =-g -Wall-Wno-write-strings，然后依次 make clean、make depend、make，重新编译 NS-2 成功后，就可以对 NS-2 进行调试。下面分别介绍 GDB 调试 NS-2、Eclipse 调试 NS-2 和输出语句调试 NS-2 三种方式。

2.4.1 GDB 调试 NS-2

1. GDB 调试 NS-2 方法

GDB 的全称是 GNU Debugger[29]，是 Linux 系统下功能强大的调试工具。与 Windows 系统环境下的图形化调试工具不同，GDB 是基于命令行的调试工具。在终端输入 gdb ns，就进入调试模式，如图 2. 23 所示。

在 /home/wqw/ns-allinone-2.34/ns-2.34/simulation/book/aodv-gdb-debug 目录下，aodv-debug-example.tcl 是表 2.13 程序的中不带参数运行的版本。

在终端输入(gdb) b aodv.cc:657，可以在 aodv.cc 文件的 657 行设置一个断点，如图 2.24 所示。

然后在终端输入(gdb) r aodv-debug-example.tcl，就可以运行仿真脚本，如图 2. 24 所示。aodv-debug-example.tcl 是将表 2.13 的程序稍做更改，分别设置数据流文件 val(cp)和节点场景文件 val(sc)的值为 cbr 和 sc，取消带参数运行。程序运行到 aodv.cc 文件的第 657 行就暂停，说明设置的断点生效了。

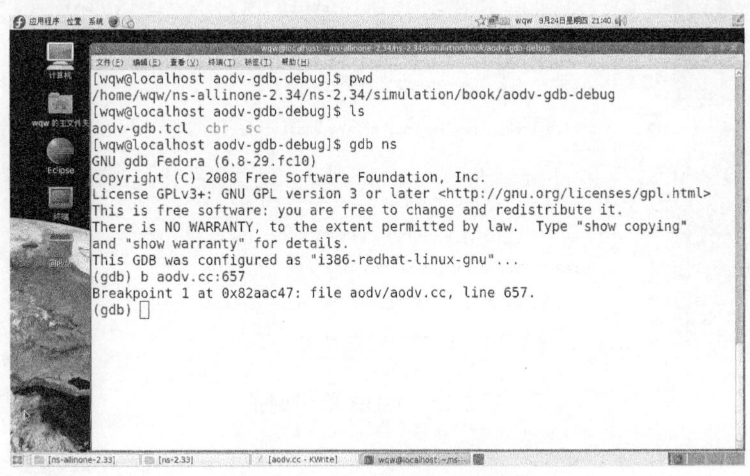

图 2.23　进入 GDB 调试界面

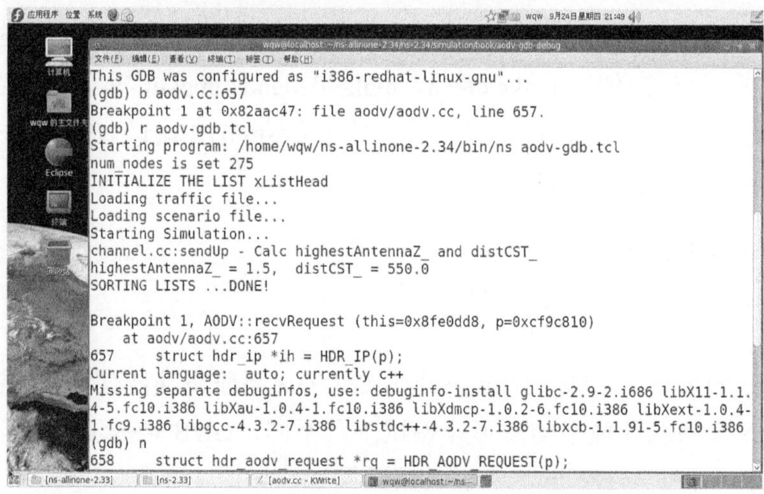

图 2.24　GDB 设置断点并运行仿真脚本

在终端输入(gdb) n，可以让程序执行到下一行，相当于单步调试，如图 2.25 所示。

在终端输入(gdb) p index，可以显示变量 index 的值，如图 2.25 所示。

在终端输入(gdb) bt，可以显示函数的调用顺序，如图 2.26 所示。

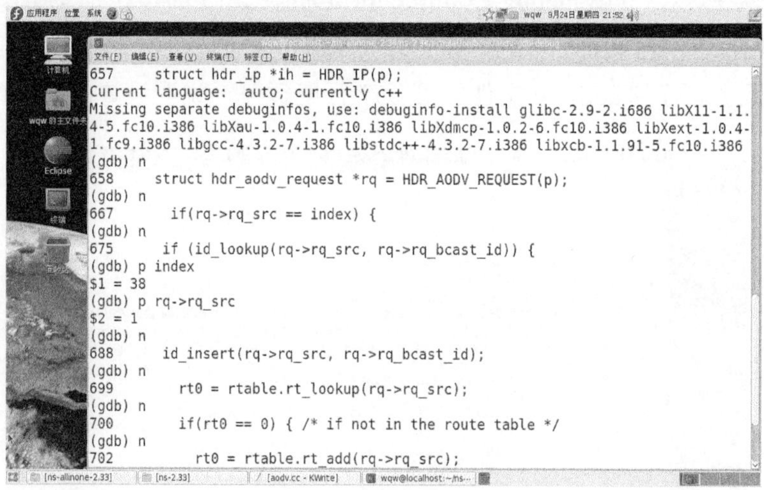

图 2. 25　GDB 单步调试

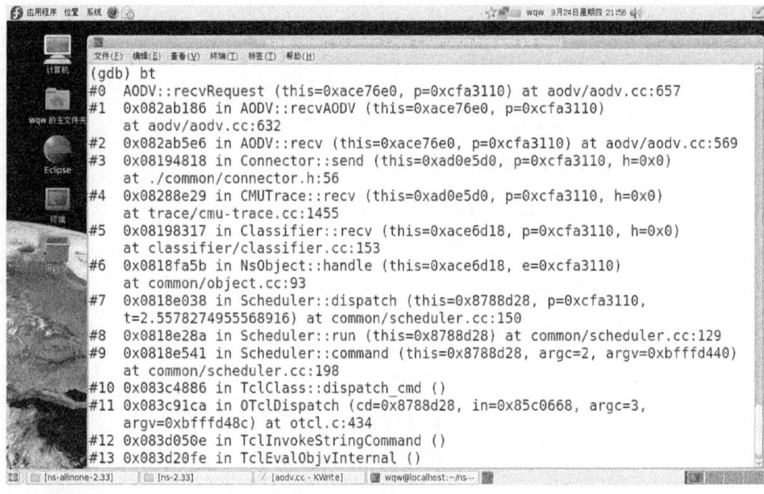

图 2.26　GDB bt 命令

2. 常用的 GDB 命令

GDB 的功能强大，支持 NS-2 协议开发过程中的调试。常用的 GDB 命令如表 2.19 所示。熟练应用这些 GDB 命令，就能够以命令行的方式完成 NS-2 协议开发过程中的调试工作。

表 2.19　常用的 GDB 命令

命令	功能
backtrace	表示程序中的当前位置，以及如何到达当前位置的栈跟踪
breakpoint	在程序中设置一个断点(可以简写为 b)
break ... if	在条件成立时停止
bt	显示程序中所有的调用栈帧，显示程序中函数的调用顺序
cd	改变当前工作目录
clear	删除刚才停止处的断点
commands	命中断点时，列出将要执行的命令
continue	从断点开始继续执行(可以简写为 c)
delete	删除一个断点或监测点，也可与其他命令一起使用(可以简写为 d)
display	程序停止时显示变量和表达式的值
down	下移栈帧，使另一个函数成为当前函数
disable	禁止使用某个断点(可以简写为 dis)

续表

命令	功能
enable	使一个禁止使用的断点生效
frame	选择下一条 continue 命令的帧
help NAME	可以显示指定命令的帮助信息
info	显示与该程序有关的各种信息
info break	显示当前断点的信息，包含到达断点处的次数等
info files	显示被调试文件的详细情况
info func	显示程序中所有的函数名称
info local	显示函数中的局部变量情况
info prog	显示被调试程序的执行状态信息
info var	显示所有全局变量和静态变量的名称
jump	在源程序中的另一点开始运行
kill	异常终止在 gdb 控制下运行的程序
list	列出相应于正在执行程序的原文件内容
make	在不退出 gdb 的情况下，运行 make 工具
next	执行下一个源程序行(可以简写为 n)
print	显示变量或表达式的值 (可以简写为 p)
pwd	显示当前工作目录
pype	显示一个数据结构(如一个结构或 C++类)的内容
quit	退出 gdb (可以简写为 q)
reverse-search	在源文件中反向搜索正规表达式
run	执行该程序 (可以简写为 r)
search	在源文件中搜索正规表达式
set variable	给变量赋值
signal	将一个信号发送到正在运行的进程
step	执行下一个源程序行，必要时进入下一个函数
undisplay	display 命令的反命令，不要显示表达式
until	结束当前循环
up	上移栈帧，使另一函数成为当前函数
watch	在程序中设置一个监测点(即数据断点)
whatis	显示变量或函数类型

2.4.2　Eclipse 调试 NS-2

Eclipse 是著名的跨平台自由集成开发环境(integrated development environment，IDE)，最初是由国际商业机器(International Business Machines，IBM)公司开发的替代商业软件 Visual Age for Java 的下一代 IDE 开发环境。2001 年 11 月，Eclipse 被贡献给开源社区，由非营利软件供应商联盟 Eclipse 基金会管理。Eclipse 可以作为 Java、C++和 Python 的开发工具。下面阐述 Eclipse 调试 NS-2 的方法。

在/home/wqw/ns-allinone-2.34/ns-2.34/simulation/book 目录新建文件夹 aodv-eclipse-debug，存放三个文件数据中 cbr 文件和场景文件 sc 与 AODV 协议实例的文件相同。aodv-eclipse.tcl 是在表 2.13 中程序的基础上去掉带参数运行得到的，具体将 val(cp)和 val(sc)直接赋予图 2.27 所示的值。

1. Eclipse 新建 NS-2.34 C++工程

新建 C++工程，在 project Explorer 中击右键，新建 C++工程，如图 2.28 所示。设置项目名称为 NS-2.34，位置是/home/wqw/ns-allinone- 2.34/ns-2.34 目录，类型是 Makefile Project，Tool chain 选 Linux GCC，点击完成，NS-2.34 C++工程就建好了，如图 2.29 所示。

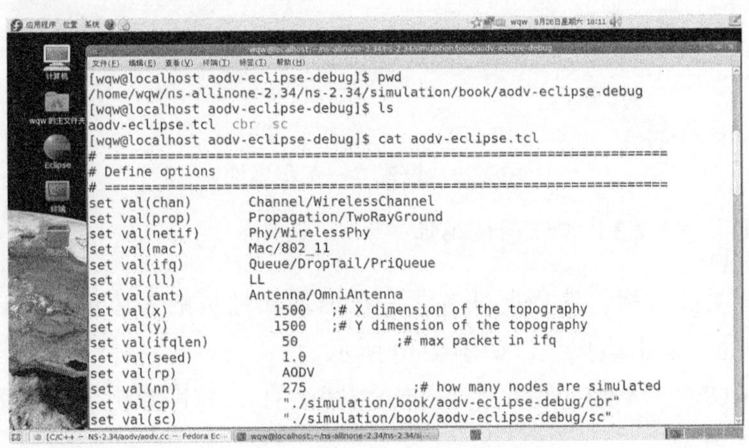

图 2.27　调试 AODV 协议实例

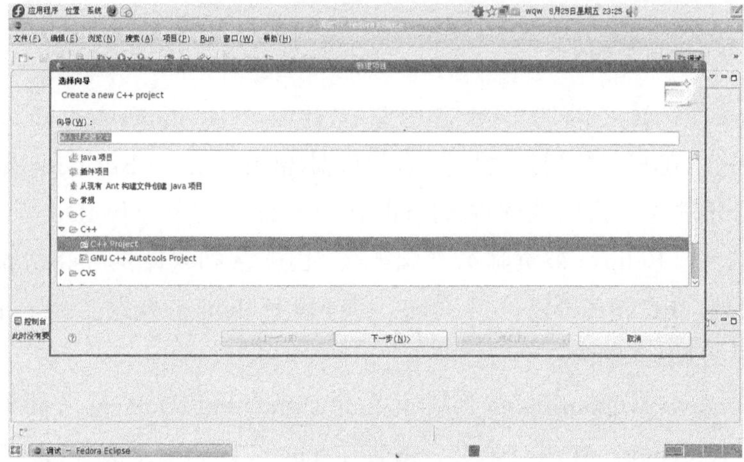

图 2.28　新建 C++工程

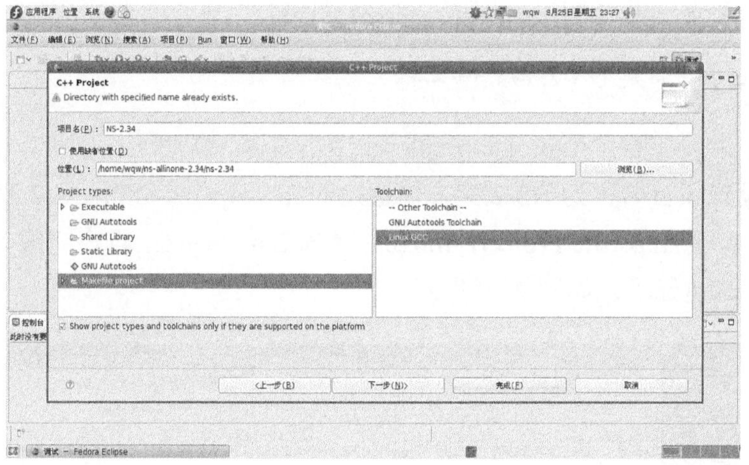

图 2.29　设置 C++工程属性

2. 配置 NS-2.34 工程调试属性

右击项目名称，选择调试方式，在出现属性页的右边选 Local C/C++ Application，点击该按钮，如图 2.30 所示。

右击 C/C++ Application，点击新建(图 2.31)，随即弹出调试配置界面，如图 2.32 所示。

将 main 的 C/C++ Application 设置为/home/wqw/ns-allinone-2.34/ns-2.34/ns，如图 2.32 所示。

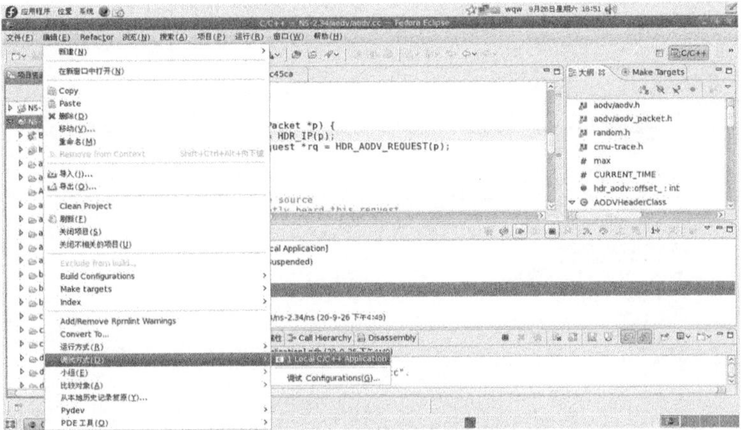

图 2.30　配置调试方式

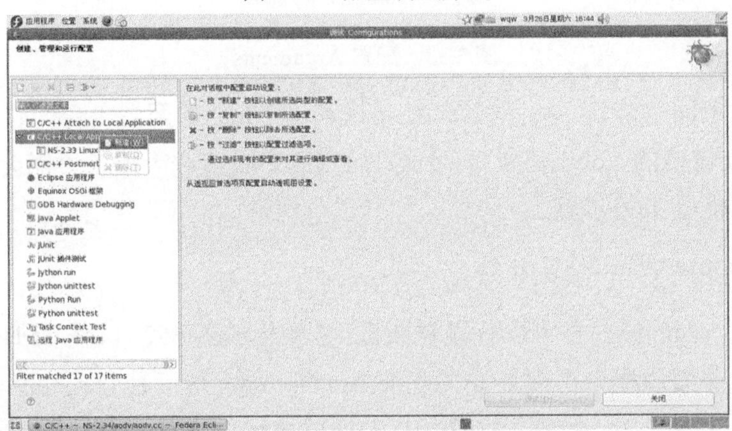

图 2.31　新建 NS-2.34 Linux GCC

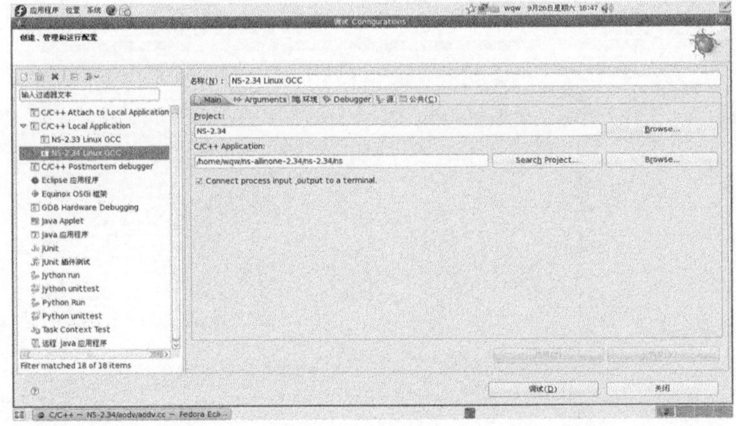

图 2.32　配置 main

将 Arguments 设置为./simulation/book/aodv-eclipse-debug/aodv-eclipse.tcl，如图 2.33 所示。

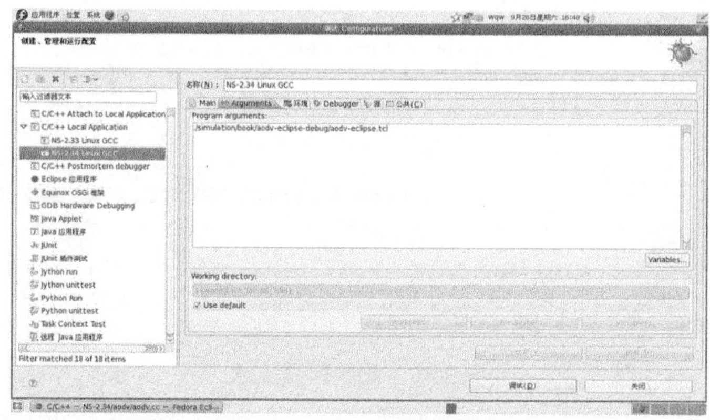

图 2.33　配置 Arguments

通过上面的步骤，就完成了 Eclipse 调试 NS-2 的配置工作。本书用的是 Fedora 10 自带的 Eclipse3.4.1，不同的 Eclipse 版本对于配置可能会有差异，用户可以借鉴上述步骤。

3. Eclipse 调试 NS-2 方法

首先，在 aodv.cc 的 657 行设置断点，将鼠标放到 657 行，按 Ctrl+Shift+B、在该行最前面边框双击或右键 Toggle Breakpoint。这三种方式均能在该行设置断点，如图 2.34 所示。然后，点击调试按钮，进入调试视图，可以看到程序在断点处停下了，如图 2.35 所示。

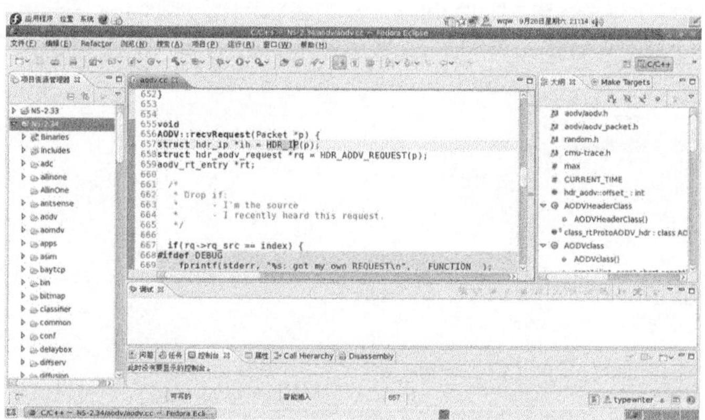

图 2.34　设置断点

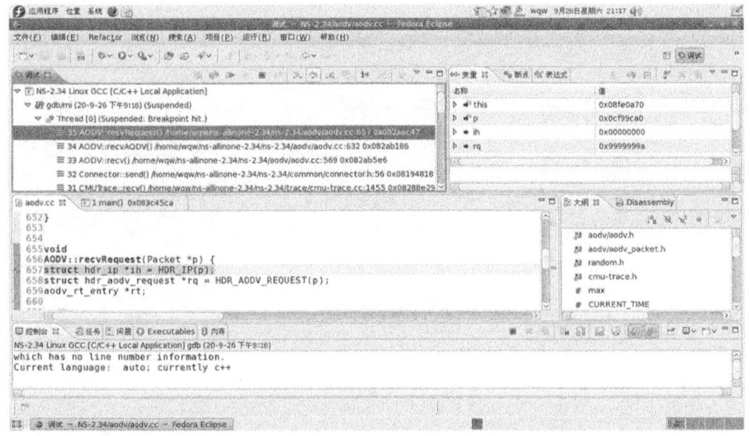

图 2.35　调试视图

在图 2.35 中，按照从左到右，从上到下的顺序，依次是调试窗口、变量窗口、断点窗口、表达式窗口、代码编辑、大纲窗口、控制台窗口。调试视图窗口的功能如表 2.20 所示。

表 2.20　调试视图窗口的功能

窗口	功能
Debug 窗口	主要显示当前线程方法调用栈，以及代码行数
Breakpoints 窗口	断点列表窗口，可以方便增加断点、设置断点条件、删除断点等
Variables 窗口	显示当前方法的本地变量，非 static 方法，包含 this 应用，可以修改变量值
代码编辑窗口	用来显示具体的代码，其中绿色部分是指当前将要执行的代码
Console 窗口	输出内容

在图 2.35 中，按快捷键 F6，程序就会执行完 657 行，即将执行 658 行，同时在变量窗口显示 657 行执行后 ih 的值，如图 2.36 所示。

继续按快捷键 F6，让程序执行到 675 行，如图 2.37 所示。程序的 if 语句，需要调用 id_lookup 函数，按快捷键 F5 就可以进入 id_lookup 函数，如图 2.38 所示。此时，如果想要返回 675 行，按快捷键 F7 即可。Eclipse 有很多快捷键，用户可以深入了解。对于调试 NS-2 而言，熟练运用 F5、F6 和 F7 是基本操作。

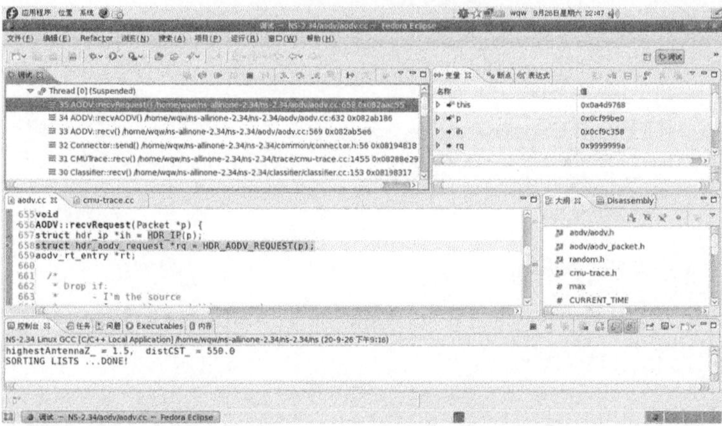

图 2.36　F6 快捷键功能

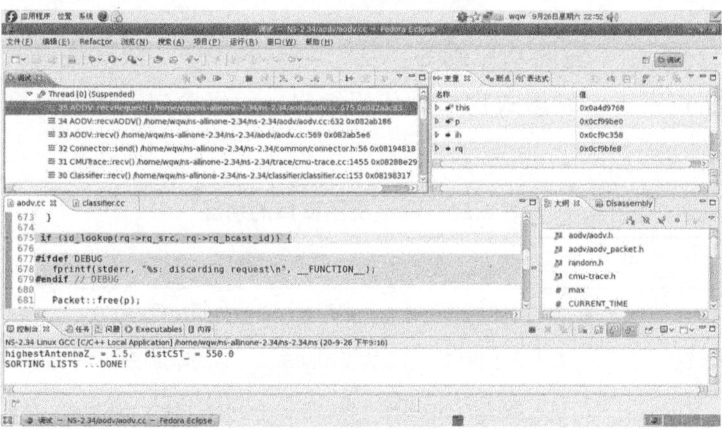

图 2.37　按快捷键 F6 执行到 675 行

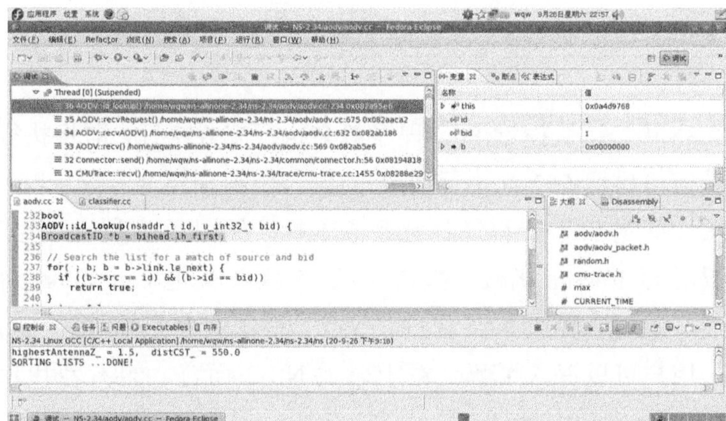

图 2.38　按快捷键 F5 进入 id_lookup 函数

2.4.3　输出语句调试 NS-2

可以用输出语句 printf 或 cout 输出相关变量，对 NS-2 程序进行调试。在 aodv.cc 的第 751 行，加上 printf("index= %d\n",index);// for debug，然后运行程序，如图 2.39 所示。最大化控制台窗口如图 2.40 所示。

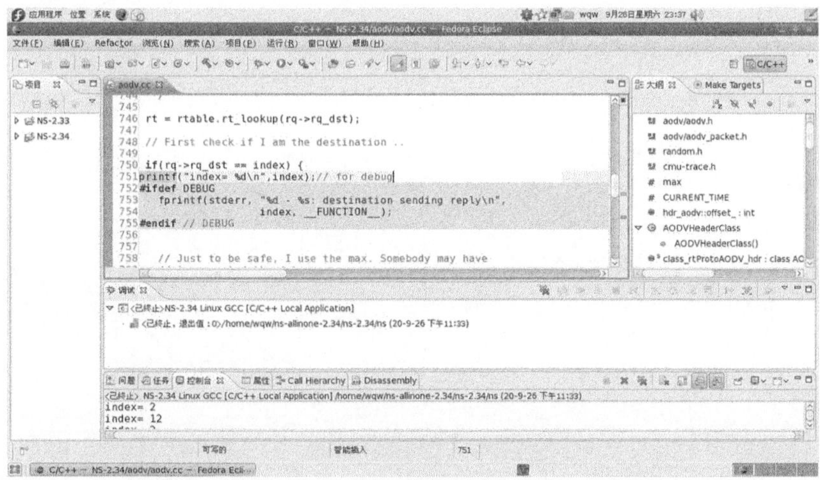

图 2.39　增加输出语句并运行程序

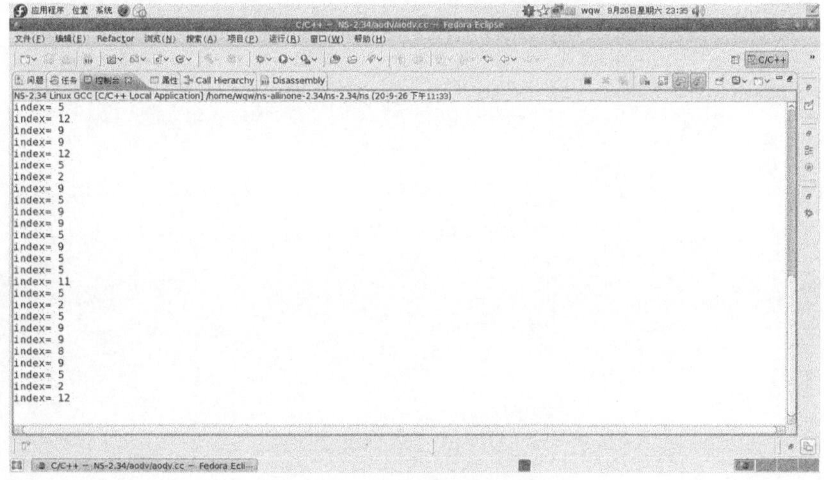

图 2.40　最大化控制台窗口

输出语句的方法，用户可以不用 Eclipse 运行程序，在终端直接运行仿真脚本，在终端查看输出的变量。

GDB 调试 NS-2、Eclipse 调试 NS-2 和输出语句调试 NS-2 三种调试方式各有优缺点。如果调试的程序规模较小、问题较少，三种方法的任何一种都能胜任；否则，需要三种方法结合使用。

第 3 章　NS-2 仿真自组织网络路由协议

3.1　引　　言

Ad Hoc 网络是由一组带有无线收发装置的移动终端组成的临时性多跳自治系统，具有组网快速灵活，不依赖基础设施等优点，在民用和军用领域具有广泛的应用前景。路由协议是 Ad Hoc 网络的核心支撑技术，主要解决数据分组实时、可靠传输的问题。Ad Hoc 网络节点高速移动导致网络拓扑的高动态变化，加之无线链路的带宽、能量限制，给实现高性能的路由协议带来挑战。研究者提出的 Ad Hoc 网络路由协议可以分为主动路由协议、按需路由协议和混合路由协议三种。在三种路由协议中，按需路由协议因为路由开销小、不需要维护全网络信息等优点，备受国内外研究者的关注。

在按需路由协议中，源节点没有到目的节点的路由时，需要采用广播路由请求的方式开启路由发现过程。路由发现过程的效率会严重影响路由协议的整体性能。最简单的广播是洪泛，其思想是节点接收到非重复的广播分组，随即重新广播分组。按需路由协议的路由发现过程采用洪泛机制，容易导致广播风暴问题，即大量的冗余、竞争和冲突浪费网络带宽，大量消耗节点的能量，严重影响 Ad Hoc 网络的性能。为缓解广播风暴问题，科研人员提出多种广播方案。这些广播方案可以分为确定广播方案和概率广播方案[29,30]。确定广播方案在接收到广播分组的节点中选取一部分节点转发分组。该方案的不足是：一部分节点可能会因为多次承担广播任务而耗尽能量，进而使网络连通性下降；由于 Ad Hoc 网络拓扑的高动态变化，给转发节点的选取带来困难。在概率广播方案中，网络中的所有节点以概率的方式转发分组。相比确定广播方案，概率广播方案在路由失败、网络攻击和动态拓扑条件下能表现出更好的鲁棒性。在概率广播方案中，节点转发概率如何获取是 Ad Hoc

广播协议亟须解决的关键问题之一。利用节点度，即节点的邻居数量来计算转发概率，是一种有效的方式。文献[31]~[35]进行了这方面的研究。然而，上述研究需要节点周期性广播 Hello 消息来获取节点度，既消耗节点的能量和信道的带宽，又增加网络开销。

为此，本章提出一种基于节点度和静态转发博弈的 Ad Hoc 网络路由协议 NGRP(Node Degree and Static Game Forwarding based Routing Protocol for Ad Hoc Networks)[36]。NGRP 的贡献主要包括两个方面：一方面，NGRP 考虑网络场景边界区域的影响，将网络场景分为中间、边和角三种区域，采用分段函数的思想，分别计算节点在网络场景的中间、边和角区域的节点度，从而避免节点周期性广播 Hello 消息导致的能量消耗和网络性能下降；另一方面，NGRP 在转发路由请求分组时，采用静态博弈转发策略，用节点度估算博弈转发的参加节点数量，将转发分组与不转发分组作为策略集合，设计效益函数，通过纳什均衡获得转发概率，提升路由请求分组在路由发现过程中的广播效率。运用 NS-2 进行大规模的仿真，仿真结果表明 NGRP 在分组投递率、吞吐量、路由开销和 MAC 层路由开销等指标上的优越性。

3.2 相关研究

在按需路由协议研究方面，经典的按需路由协议有 AODV 协议[37]、动态源路由(dynamic source routing，DSR)协议[38]等。AODV 协议的路由发现过程需要节点广播路由请求分组，导致广播风暴问题，会严重降低网络的整体性能。此外，AODV 协议有两种运行模式，周期性广播 Hello 消息和不广播 Hello 消息，即便是广播 Hello 消息可以获得邻居节点的相关信息，AODV 协议也没有被充分利用。DSR 协议与 AODV 协议的不同之处是，在转发路由请求分组时，节点将自己的信息添加到路由请求分组中。这样路由请求分组就包含路径信息，但是 DSR 协议并不能克服路由发现过程中的广播风暴问题。

在基于节点度的广播方案方面。文献[31]提出一种基于博弈论的概率转发策略，运用节点度信息获得转发概率，并将其运用在 AODV 协议中，实现 AODV+FDG 协议，仿真结果证明该协议在路由开销、分组投递率和平均端对端延迟等性能优于 AODV 协议。文献[35]设定了转发概率的最大值和最小值，并根据节点度调节转发概率，使转发概率在最大值和最小值范围内，仿真结果证明协议在转发节省率和冲突数量指标上具有优势。文献[34]将节点度的倒数与常数因子的乘积作为转发概率，可以提升广播节省率，该方案常数因子的选取还有优化空间。文献[32],[33]也做了类似的工作。文献[39]利用节点度和 2 跳节点度信息(即邻居节点的节点度)计算转发概率，当 2 跳节点度相对大时，转发概率减少；当 2 跳节点度相对小时，转发概率增加。仿真结果表明，该方案在分组投递率和路由开销两项指标显示了优越性。文献[31]~[35],[39]提出基于节点度的广播方案，并运用在具体的协议中。这些协议虽然可以提升网络协议的性能，但是需要节点周期性广播 Hello 消息获取节点度信息，消耗节点能量和无线带宽的同时，也增加了网络拥塞和路由开销，影响网络性能的进一步提升。文献[40]提出一种基于邻居覆盖的概率广播协议，通过设计新的广播延迟和广播概率方案，提高广播效率。文献[41]提出一种基于估计距离的路由协议。该协议在网络密度大或者是网络拓扑变化剧烈的情况下可以显著提高路由性能。

为了克服广播 Hello 消息获得节点度的不足，科研人员提出不依赖 Hello 消息获得节点度的方法[42-44]。文献[42]利用节点在空间的分布函数，计算节点之间存在通信链路的概率，然后利用概率和网络中节点的数量得出节点度信息，不足之处是没有考虑网络边界的影响。文献[43],[44]在计算节点度信息时考虑网络边界的影响，通过节点在网络区域的位置获得节点度的期望值。该方法的不足在于，节点位置在任何区域时，节点度都是相同的，实际节点位置在网络区域的边、角和中间区域节点度差异大；该方法并没有获得解析解，难以在协议中使用。此外，文献[45],[46]研究了车载自组织网络的数据分发问题，对我们的研究具有参考价值。

3.3　节点度估计和静态博弈转发策略的 Ad Hoc 网络路由协议

3.3.1　NGRP 原理

1. 考虑边界影响的节点度的估计算法

采用分段函数的思想，提出考虑边界影响的节点度估计算法。假设节点通信半径为R，n个节点分布在长宽分别为H、L的场景区域(其中$H \gg R$，$L \gg R$)，节点的地理位置服从均匀分布。将场景分成为中间、边、角三个区域，分别用S_1、S_2、S_3表示。网络场景区域划分如图 3.1 所示。

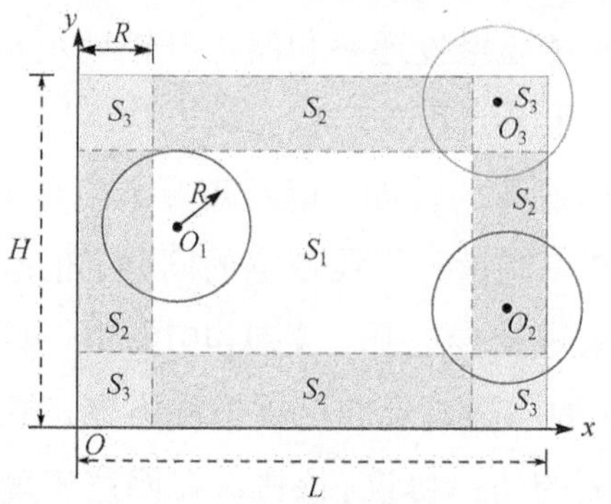

图 3.1　网络场景区域划分

以网络场景左下角为原点，分别以场景左边界和下边界为y轴和x轴建立直角坐标系，可得

$$S_1 = \left\{ (x, y) \middle| \begin{matrix} R < x < L - R \\ R < y < H - R \end{matrix} \right\} \tag{3.1}$$

$$S_2 = \left\{ (x, y) \middle| \begin{matrix} \begin{pmatrix} 0 \leqslant x \leqslant R \\ R \leqslant y \leqslant H - R \end{pmatrix} \text{或} \\ \begin{pmatrix} R \leqslant x \leqslant L - R \\ 0 \leqslant y \leqslant R \end{pmatrix} \text{或} \\ \begin{pmatrix} R \leqslant x \leqslant L - R \\ H - R \leqslant y \leqslant H \end{pmatrix} \text{或} \\ \begin{pmatrix} L - R \leqslant x \leqslant L \\ R \leqslant y \leqslant H - R \end{pmatrix} \end{matrix} \right\} \tag{3.2}$$

$$S_3 = \left\{ (x,y) \left| \begin{pmatrix} 0 \leqslant x < R \\ 0 \leqslant y < R \end{pmatrix} \text{或} \begin{pmatrix} 0 \leqslant x < R \\ H-R < y \leqslant H \end{pmatrix} \text{或} \begin{pmatrix} L-R < x \leqslant L \\ 0 \leqslant y < R \end{pmatrix} \text{或} \begin{pmatrix} L-R < x \leqslant L \\ H-R < y \leqslant H \end{pmatrix} \right. \right\} \tag{3.3}$$

其中，(x,y) 代表节点的二维坐标。

依据节点所处的地理位置，考虑边界影响情况下节点的通信范围，可以分为三种情况来分析。

(1) 节点处于 S_1 区域

当节点处于 S_1 区域时，节点拥有完整的通信范围，如图 3.1 中的圆 O_1 所示，节点的通信范围为

$$S_{O_1} = \pi R^2 \tag{3.4}$$

此时，节点的平均邻居个数可以估算为

$$N_{O_1} = \frac{(n-1)\pi R^2}{HL} \tag{3.5}$$

(2) 节点处于 S_2 区域

当节点处在 S_2 区域时，由于网络场景有四个边界，因此节点靠近边界区域可以分为四种情况。图 3.2 中圆 O_2 显示了节点靠近网络场景右边界的情况，其中 B 为 A、C 的中点，$O_2B \perp AC$。

O_2A 和 O_2B 之间的夹角 θ 为

$$\theta = \arcsin \frac{\sqrt{R^2 - d_{O_2B}^2}}{R} \tag{3.6}$$

扇形区域 O_2CDA 的面积为

$$S_{O_2CDA} = \frac{1}{2} 2\theta R^2 = \arcsin \frac{\sqrt{R^2 - d_{O_2B}^2}}{R} R^2 \tag{3.7}$$

三角形 O_2CA 的面积为

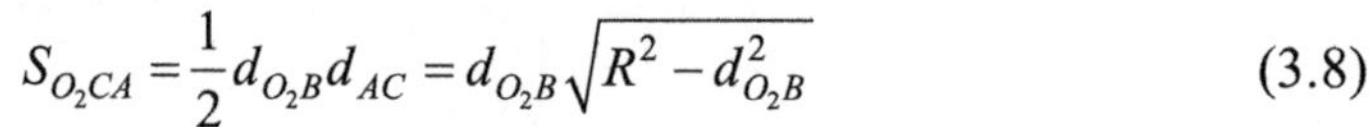

$$S_{O_2CA}=\frac{1}{2}d_{O_2B}d_{AC}=d_{O_2B}\sqrt{R^2-d_{O_2B}^2} \tag{3.8}$$

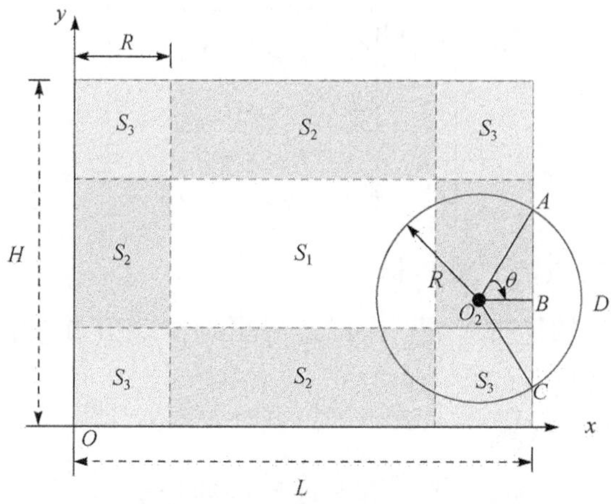

图 3.2　节点靠近边界区域

节点 O_2 在场景之外的面积为

$$S_{ABCD}=S_{O_2CDA}-S_{O_2CA}=\arcsin\frac{\sqrt{R^2-d_{O_2B}^2}}{R}R^2-d_{O_2B}\sqrt{R^2-d_{O_2B}^2} \tag{3.9}$$

因此，可以得到节点 O_2 的通信范围，即

$$S_{O_2}=\pi R^2-S_{ABCD}=\left(\pi-\arcsin\frac{\sqrt{R^2-d_{O_2B}^2}}{R}\right)R^2+d_{O_2B}\sqrt{R^2-d_{O_2B}^2} \tag{3.10}$$

此时，节点的平均邻居个数可以估算为

$$N_{O_2}=\frac{(n-1)S_{O_2}}{HL}=\frac{(n-1)\left[\left(\pi-\arcsin\frac{\sqrt{R^2-d_{O_2B}^2}}{R}\right)R^2+d_{O_2B}\sqrt{R^2-d_{O_2B}^2}\right]}{HL} \tag{3.11}$$

节点靠近上边界、下边界和左边界三种情况的节点平均邻居个数，同理可求。

(3) 节点处于 S_3 区域

节点处于网络场景中的角区域，可以分为节点在网络场景的左上角、左下角、右上角和右下角四种情况。以节点处在网络场景的右上角为例，该场景又可以分为两种情况。令 d_{O_3D} 代表节点 O_3 的圆心到右上角 D 的距离，根据 d_{O_3D} 与节点通信半径 R 的大小可以分为两种情况。

① $d_{O_3D} \geqslant R$。当节点处于 S_3 区域时，节点的通信范围被两个边界所截，如图 3.3 所示。

根据式(3.9)，节点 O_3 受边界影响，无效的通信覆盖范围分别为

$$S_{ABCK} = S_{O_3CBA} - S_{O_3CA} = \arcsin\frac{\sqrt{R^2 - d_{O_3K}^2}}{R}R^2 - d_{O_3K}\sqrt{R^2 - d_{O_3K}^2} \tag{3.12}$$

同理，可得

$$S_{EFGM} = S_{O_3GEF} - S_{O_3GE} = \arcsin\frac{\sqrt{R^2 - d_{O_3M}^2}}{R}R^2 - d_{O_3M}\sqrt{R^2 - d_{O_3M}^2} \tag{3.13}$$

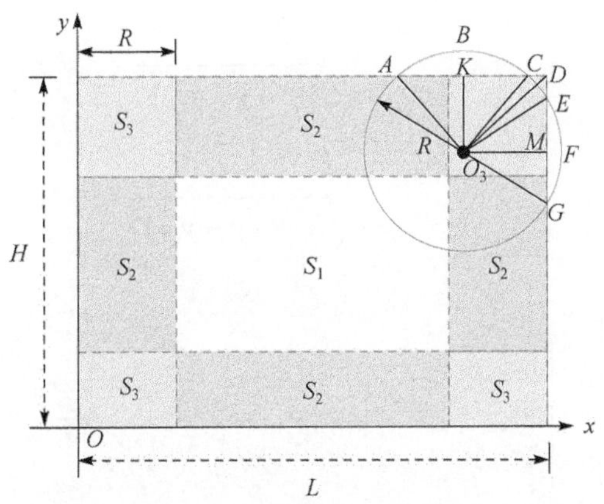

图 3.3　节点靠近在角区域

此时，节点 O_3 的通信覆盖范围为

$$S_{O_3} = \pi R^2 - S_{ABCK} - S_{EFGM} \tag{3.14}$$

$$\begin{aligned} S_{O_3} = &\left(\pi - \arcsin\frac{\sqrt{R^2 - d_{O_3K}^2}}{R} - \arcsin\frac{\sqrt{R^2 - d_{O_3M}^2}}{R}\right)R^2 \\ &+ d_{O_3K}\sqrt{R^2 - d_{O_3K}^2} + d_{O_3M}\sqrt{R^2 - d_{O_3M}^2} \end{aligned} \tag{3.15}$$

此时的节点度可以计算为

$$N_{O_3}=\frac{(n-1)}{HL}\left[\left(\pi-\arcsin\frac{\sqrt{R^2-d_{O_3K}^2}}{R}-\arcsin\frac{\sqrt{R^2-d_{O_3M}^2}}{R}\right)R^2\right.$$
$$\left.+d_{O_3K}\sqrt{R^2-d_{O_3K}^2}+d_{O_3M}\sqrt{R^2-d_{O_3M}^2}\right] \tag{3.16}$$

② $d_{O_3D}<R$。根据式(3.9)，节点 O_3 受边界影响，无效的通信覆盖范围 S_{ABCDK} 为

$$S_{ABCDK}=S_{O_3CBA}-S_{O_3CA}=\arcsin\frac{\sqrt{R^2-d_{O_3K}^2}}{R}R^2-d_{O_3K}\sqrt{R^2-d_{O_3K}^2} \tag{3.17}$$

节点 O_3 受边界影响无效的另一部分面积，可以采用积分的方式求得。设节点 O_3 圆心坐标为 (x_{O_3},y_{O_3})，则圆 O_3 的方程为

$$(x-x_{O_3})^2+(y-y_{O_3})^2=R^2 \tag{3.18}$$

可得

$$x=x_{O_3}\pm\sqrt{R^2-(y-y_{O_3})^2} \tag{3.19}$$

对于图 3.4 中的实例而言，可得

$$x=x_{O_3}+\sqrt{R^2-(y-y_{O_3})^2} \tag{3.20}$$

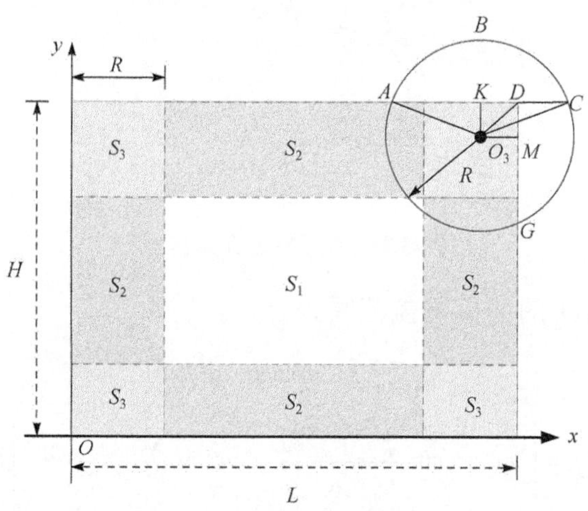

图 3.4　节点靠近在角区域

此时，节点 O_3 受边界影响无效的另一部分通信覆盖范围 S_{DCGM} 为

$$S_{DCGM}=\int_{y_G}^{y_D}(x-L)\mathrm{d}y=\int_{y_G}^{y_D}\left[x_{O_3}+\sqrt{R^2-(y-y_{O_3})^2}-L\right]\mathrm{d}y \tag{3.21}$$

因为

$$x_{O_3}=L-d_{O_3M} \tag{3.22}$$

所以

$$S_{DCGM}=\int_{y_G}^{y_D}\left[\sqrt{R^2-(y-y_{O_3})^2}-d_{O_3M}\right]\mathrm{d}y \tag{3.23}$$

$$S_{DCGM}=\int_{y_G-y_{O_3}}^{y_D-y_{O_3}}(\sqrt{R^2-t^2})\mathrm{d}t-\int_{y_G}^{y_D}d_{O_3M}\mathrm{d}y \tag{3.24}$$

进一步推导，可得

$$S_{DCGM}=\left(\frac{t}{2}\sqrt{R^2-t^2}+\frac{R^2}{2}\arcsin\frac{t}{R}\right)\Bigg|_{y_G-y_{O_3}}^{y_D-y_{O_3}}-d_{O_3M}(y_D-y_G) \tag{3.25}$$

可得

$$S_{DCGM}=\frac{d_{O_3K}\sqrt{R^2-d_{O_3K}^2}-d_{O_3M}\sqrt{R^2-d_{O_3M}^2}}{2}+\frac{R^2\left(\arcsin\frac{d_{O_3K}}{R}+\arcsin\frac{\sqrt{R^2-d_{O_3M}^2}}{R}\right)}{2}-d_{O_3K}d_{O_3M} \tag{3.26}$$

结合式(3.17)和式(3.26)可得节点 O_3 受边界影响无效的通信覆盖范围 $S_{ABCGMDK}$，即

$$S_{ABCGMDK}=\frac{R^2\left(2\arcsin\frac{\sqrt{R^2-d_{O_3K}^2}}{R}+\arcsin\frac{d_{O_3K}}{R}+\arcsin\frac{\sqrt{R^2-d_{O_3M}^2}}{R}\right)}{2}-\frac{d_{O_3M}\sqrt{R^2-d_{O_3M}^2}+d_{O_3K}\sqrt{R^2-d_{O_3K}^2}}{2}-d_{O_3M}d_{O_3K} \tag{3.27}$$

那么，节点 O_3 的通信覆盖范围为

$$S_{O_3}=\pi R^2-S_{ABCGMDK} \tag{3.28}$$

结合式(3.27)和式(3.28)，可得

$$S_{O_3}=\frac{R^2\left(2\pi-2\arcsin\frac{\sqrt{R^2-d_{O_3K}^2}}{R}-\arcsin\frac{d_{O_3K}}{R}-\arcsin\frac{\sqrt{R^2-d_{O_3M}^2}}{R}\right)}{2}+\frac{d_{O_3M}\sqrt{R^2-d_{O_3M}^2}+d_{O_3K}\sqrt{R^2-d_{O_3K}^2}}{2}+d_{O_3M}d_{O_3K} \tag{3.29}$$

此时，节点的平均邻居个数可以估算为

$$\widetilde{N_{O_3}}=\frac{(n-1)}{HL}\left[\frac{R^2\left(2\pi-2\arcsin\frac{\sqrt{R^2-d_{O_3K}^2}}{R}-\arcsin\frac{d_{O_3K}}{R}-\arcsin\frac{\sqrt{R^2-d_{O_3M}^2}}{R}\right)}{2}+\frac{d_{O_3M}\sqrt{R^2-d_{O_3M}^2}+d_{O_3K}\sqrt{R^2-d_{O_3K}^2}}{2}+d_{O_3M}d_{O_3K}\right] \tag{3.30}$$

同理，可估算节点处在网络场景左上角、左下角和右下角时的节点度。

2. 节点度估计

NGRP 假设网络中的节点携带定位装置，知道自己的位置信息，以及网络区域信息。网络中任一节点 O 首先利用自己的位置信息和网络区域信息，依据式(3.1)~式(3.3)确定自己在网络场景中的位置区域。然后，根据节点在网络场景中所属区域情况，计算如下节点度。

① 当节点处于网络场景的中心区域时，依据式(3.5)获得节点度。

② 当节点处于网络场景的边区域时，运用式(3.11)计算节点度。

③ 当节点处于角区域且 $d_{OD}\geqslant R$ 时，依据式(3.16)获得节点度。

④ 当节点处于角区域且 $d_{OD}<R$ 时，运用式(3.30)计算节点度。

综上，结合式(3.5)、式(3.11)、式(3.16)和式(3.30)，场景范围内节点 O 的节点度可以估算为

$$N_O = \begin{cases} N_{O_1}, & O \in S_1 \\ N_{O_2}, & O \in S_2 \\ N_{O_3}, & O \in S_3, d_{OD} \geqslant R \\ \widetilde{N_{O_3}}, & O \in S_3, d_{OD} < R \end{cases} \tag{3.31}$$

NGRP 采用考虑边界影响的节点度估计算法，获得节点度信息。一方面，考虑网络场景边界区域的影响，提高算法获得节点度信息的准确性；另一方面，相比节点广播 Hello 消息获得节点度信息，避免不必要的开销。

3. 静态博弈转发策略

NGRP 本质上是一种按需路由协议，当源节点有数据要发送而没有到目的节点的路由时，发起路由发现过程。NGRP 将路由发现过程中路由请求分组的转发过程看成一个静态博弈过程，即参与转发路由请求的节点，在做出决策时，并不知道其他节点的策略，参与博弈转发的节点之间没有关于博弈信息的交换。一旦节点做出决策，对博弈的发展不能再产生任何影响。静态转发博弈可以定义为

$$G = \{N_O, A, U\} \tag{3.32}$$

其中，N_O 为参与转发路由请求分组的节点，其数量可以由式(3.31)计算得出；A 为策略集合，包含转发和不转发两个元素；U 为效益函数。

转发困境博弈如表 3.1 所示。

表 3.1　转发困境博弈

其他 $N_O - 1$ 节点 当前节点	不转发	至少有一个转发
不转发	0	u
转发	$u-v$	$u-v$

在表 3.1 中，$u \geqslant v > 0$。当 N_O 个节点作为静态转发博弈的参与者，选取其中任何一个节点作为当前节点进行分析。当前节点和其他 $N_O - 1$ 都不转发分组时，当前节点的收益为 0；当前节点不转发分组，由其他 $N_O - 1$ 个节点中至少有一个节点转发分组，当前节点的收益为 u；当前节点转发分组，其他 $N_O - 1$ 个节点不转发分组，当期节点的收益为 $u-v$；当前节点和其他 $N_O - 1$ 个节点

都转发分组时，当前节点的收益仍然为$u-v$。假设参与博弈的节点以固定概率P转发分组，那么其他N_O-1个节点至少有一个节点转发分组的概率为

$$P_{N_O-1}=1-(1-P)^{N_O-1} \tag{3.33}$$

静态博弈分组转发的纳什均衡点为当前节点转发分组时的收益与当前节点不转发分组，其他N_O-1个节点至少一个转发分组时的收益相等，即

$$u-v=u\times P_{N_O-1} \tag{3.34}$$

令$u=C\times v$，C为常数且$C>1$，代入式(3.34)，可得

$$P=1-C^{-\frac{1}{N_O-1}} \tag{3.35}$$

4. 路由请求分组结构

NGRP 的路由请求分组如表 3.2 所示。其中，节点度信息被添加到路由请求分组中，源节点地址和广播 ID 唯一标识一个路由请求分组。NGRP 的路由表、路由回复分组和 AODV 协议的路由表和路由回复分组一样。

表 3.2 路由请求分组

类型	字段	备注
u_int8_t	rq_type	分组类型
u_int8_t	reserved[2]	保留字段
u_int8_t	rq_hop_count	跳数
u_int32_t	rq_bcast_id	广播 ID
u_int8_t	rq_neighbor_count	节点度
nsaddr_t	rq_dst	目的节点地址
u_int32_t	rq_dst_seqno	目的节点序列号
nsaddr_t	rq_src	源节点的节点地址
u_int32_t	rq_src_seqno	源节点序列号
double	rq_timestamp	路由请求发送时间

5. 由发现流程

NGRP 协议的路由发现过程采用静态博弈转发策略，转发概率由式(3.35)得出，具体步骤如下。

步骤 1：源节点有数据需要发送，没有到目的节点的路由。此时，开启路由发现过程。源节点获取自己的地理位置信息，根据式(3.31)估算自己的节点度N_O，并在路由请求分组中添加N_O信息。

步骤 2：中间节点接收到路由请求分组后，判断是否重复接收，如果重复接收，转步骤 7；否则，转步骤 3。

步骤 3：如果中间节点是目的节点，发送路由回复分组；如果中间节点不是目的节点，但是中间节点有到目的节点的路由，发送路由回复分组。

步骤 4：中间节点不是目的节点，并且没有到目的节点的路由，采用静态博弈转发策略，根据式(3.35)计算转发概率 P 。

步骤 5：产生[0,1]之间的随机数 m 。

步骤 6：如果 $m<P$ ，中间节点转发分组，根据自己的位置信息依据式(3.31)估算自己的节点度 N_O ，并将 N_O 添加到路由请求分组中，转发分组；否则，转步骤 7。

步骤 7：丢弃分组。

NGRP 的路由发现过程在 AODV 协议路由发现过程的基础上实现。NGRP 的路由回复、路由修复过程继承 AODV 协议的路由回复、路由修复过程。

3.3.2　仿真参数

仿真环境是带有 CMU 无线扩展的 NS-2(Version 2.34)，仿真场景为 2200m×600m 的矩形区域，节点的无线传输半径为 250m，网络带宽为 2Mbit/s， C 取值为 10^6 。仿真分两组进行，分别验证节点数量对协议性能的影响和网络负载对协议性能的影响。仿真协议包括 NGRP、AODV+FDG、AODV with Hello 和 AODV without Hello。三个源节点的地理位置为(220，60)、(220，300)、(220，540)，对应的目的节点地理位置分别为(1980，540)、(1980，300)、(1980，60)。仿真结果均为 10 次仿真的平均值。两组仿真的公共参数如表 3.3 所示。

表 3.3　两组仿真的公共参数

参数名称	数值
MAC 层协议	802.11
传播模型	TwoRayGround
信道	WirelessChannel
物理层	WirelessPhy
队列模型	PriQueue
队列长度	50

续表

参数名称	数值
逻辑链路层模型	LL
节点数量	50 个
仿真时间	200s
仿真场景	2200m×600m
数据流	CBR
数据流连接数	10 个
移动模型	RWP
节点最大移动速度	5m/s
暂停时间	100s
初始能量	200J
发送功率	1.6W
接收功率	1.2W
空闲功率	1.15W
睡眠功率	0.001W
静止节点数量	6

3.3.3 仿真结果

1. 验证节点数量对协议性能的影响

仿真方法通过改变网络中节点的数量，得到性能随节点数量变化的情况。移动节点数量分别为 275，300，…，450，源节点的分组发送速率为 1 个分组/s。仿真结果如表 3.4～表 3.7。

表 3.4 节点数量变化情况下的 NGRP 仿真结果

节点数量/个	延迟/s	分组投递率	路由开销/个	MAC 开销/个	吞吐率/(bit/s)
275	0.172621	0.96381	2.97558	43.4758	11616.6
300	0.176167	0.97829	2.8851	42.3736	11702
325	0.103953	0.98178	2.3204	41.086	11878
350	0.130201	0.97491	3.35725	42.6718	11751.2
375	0.149232	0.97479	3.242	43.3525	11663.7
400	0.138281	0.97847	2.62385	40.5783	11798.3
425	0.158856	0.97369	3.30293	43.4145	11732.8
450	0.145913	0.97497	3.2004	42.3093	11768.9

表 3.5　节点数量变化情况下的 AODV+FDG 仿真结果

节点数量/个	延迟/s	分组投递率	路由开销/个	MAC 开销/个	吞吐率/(bit/s)
275	0.114052	0.7772	132.945	176.149	9399.32
300	0.0857502	0.79956	141.473	184.816	9580.4
325	0.100934	0.81051	149.061	190.026	9809.36
350	0.0915564	0.79974	162.669	205.358	9681.97
375	0.103123	0.81726	170.548	213.558	9868.78
400	0.11748	0.81376	182.291	224.995	9833.22
425	0.119375	0.76877	204.658	249.479	9296.92
450	0.240043	0.77695	216.366	258.878	9304.56

表 3.6　节点数量变化情况下的 AODV with Hello 仿真结果

节点数量/个	延迟/s	分组投递率	路由开销/个	MAC 开销/个	吞吐率/(bit/s)
275	0.473674	0.7594	144.896	187.645	9124.06
300	0.469737	0.79004	150.989	190.949	9517.15
325	0.695581	0.71338	184.768	226.161	8615.56
350	0.658708	0.77261	180.584	220.988	9317.62
375	0.508427	0.76203	196.046	237.889	9254.96
400	0.570125	0.77008	206.363	246.933	9267.29
425	0.354971	0.74969	227.118	267.061	9020.73
450	0.614376	0.7604	236.392	279.357	9196.24

表 3.7　节点数量变化情况下的 AODV without Hello 仿真结果

节点数量/个	延迟/s	分组投递率	路由开销/个	MAC 开销/个	吞吐率/(bit/s)
275	0.235732	0.94921	12.0937	52.1041	11417.8
300	0.582891	0.94397	13.6675	50.8594	11298.7
325	0.398338	0.92306	15.5373	52.7298	11124
350	0.335904	0.94743	16.2151	55.8328	11414.3
375	0.52719	0.89652	18.1615	55.9347	10791.3
400	0.527459	0.91969	20.5812	59.0229	11059.2
425	0.561801	0.92916	21.2863	61.1643	11189.1
450	0.559066	0.89601	27.2912	67.6134	10696.8

节点数量对平均端对端延迟的影响如图 3.5 所示。可以看出，随着网络密度的增加，NGRP 和 AODV+FDG 两种协议的延迟性能保持稳定，而 AODV with Hello 和 AODV without Hello 两种协议的延迟性能出现波动。NGRP 和 AODV+FDG 协议的平均端对端延迟性能明显优于 AODV with Hello 和 AODV without Hello 协议。原因在于网络密度大时，NGRP 和 AODV+FDG 采用概率的方式转发分组，可以抑制网络拥塞，减少节点间的竞争和冲突。

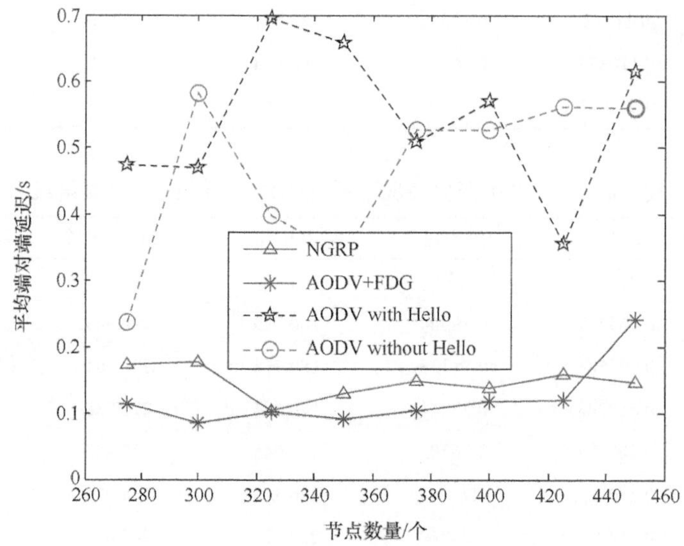

图 3.5　节点数量对平均端对端延迟的影响

节点数量对分组投递率的影响如图 3.6 所示。可以看出，随着网络密度的逐渐增加，NGRP 协议的性能保持稳定，AODV+FDG、AODV with Hello 和 AODV without Hello 三种协议的性能均出现不同程度的抖动。NGRP 的分组投递率明显优于其他三种协议，原因在于 NGRP 采用静态博弈转发策略，采用考虑边界影响的节点度估计算法获得节点度信息，可以避免广播 Hello 消息带来的拥塞和开销。AODV+FDG 和 AODV with Hello 两种协议的性能明显不如 NGRP 和 AODV without Hello，是因为前两种协议周期性广播 Hello 消息，导致网络冲突增加，进而导致分组投递率下降。

节点数量对路由开销的影响如图 3.7 所示。可以看出，网络密度的逐渐增加，NGRP 和 AODV without Hello 的路由开销保持稳定，AODV+FDG 和

AODV with Hello 的路由开销随网络密度的增加而增加。原因在于，AODV+FDG 和 AODV with Hello 需要节点周期性地广播 Hello 消息，增加了路由开销，而 NGRP 采用静态博弈转发策略，减少了网络密集情况下，参与转发路由请求分组的节点的数量，因此减少了路由层控制分组的数量。

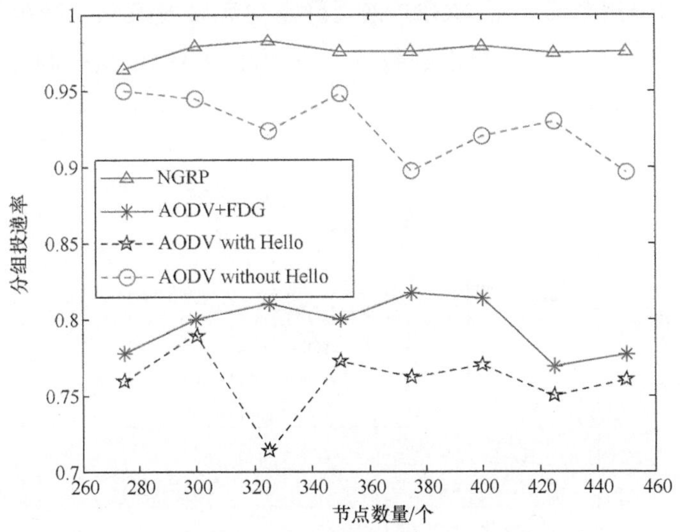

图 3.6　节点数量对分组投递率的影响

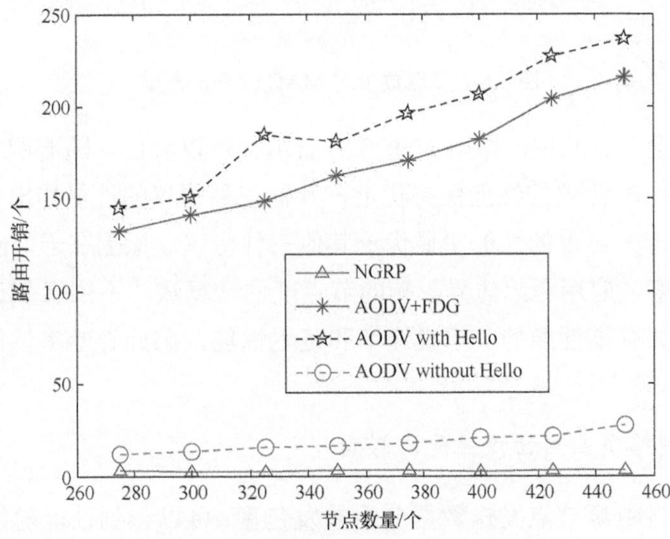

图 3.7　节点数量对路由开销的影响

节点数量对 MAC 开销的影响如图 3.8 所示。可以看出，NGRP 和 AODV without Hello 的路由开销随着网络密度的增加基本保持稳定，AODV+FDG 和 AODV with Hello 的 MAC 开销随网络密度的增加而增加。原因在于，AODV+FDG 和 AODV with Hello 需要节点周期性地广播 Hello 消息，导致 MAC 层控制分组数量，而 NGRP 采用静态博弈转发策略，减少了网络密集情况下参数转发路由请求节点的数量，进而减少 MAC 层控制分组的数量。

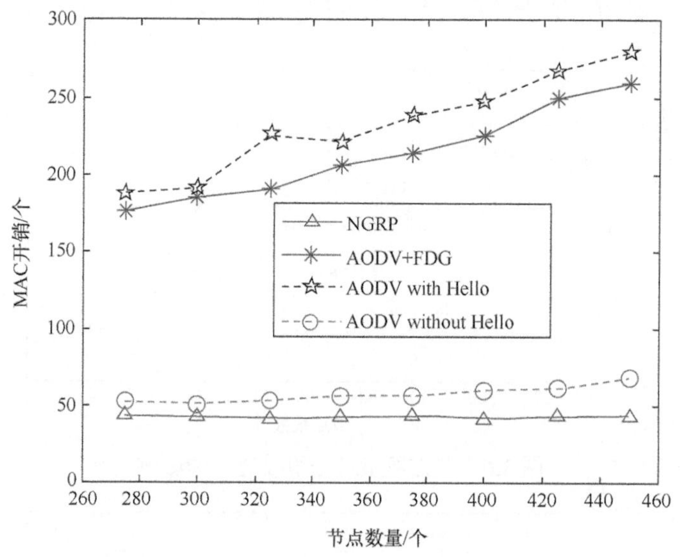

图 3.8　节点数量对 MAC 开销的影响

节点数量对吞吐率的影响如图 3.9 所示。可以看出，随着网络密度的不断增加，NGRP 协议的性能保持稳定，其他三种协议的性能均出现不同程度的抖动，NGRP 协议的性能明显优于其他三种协议。原因在于，NGRP 采用博弈转发策略，应用考虑边界影响的节点度估计算法，不依靠 Hello 消息获得节点度，拥有高性能的分组投递率和延迟性能，因此吞吐率性能具有一定的优越性。

2.验证网络负载对协议性能的影响

改变网络中源节点发送数据分组的发包率，可以得到性能随网络负载变化的情况。移动节点数量为 275 个，源节点每秒发送的数据包数量分别为 1、

2、4、8、16。仿真结果如表 3.8～表 3.11 所示。

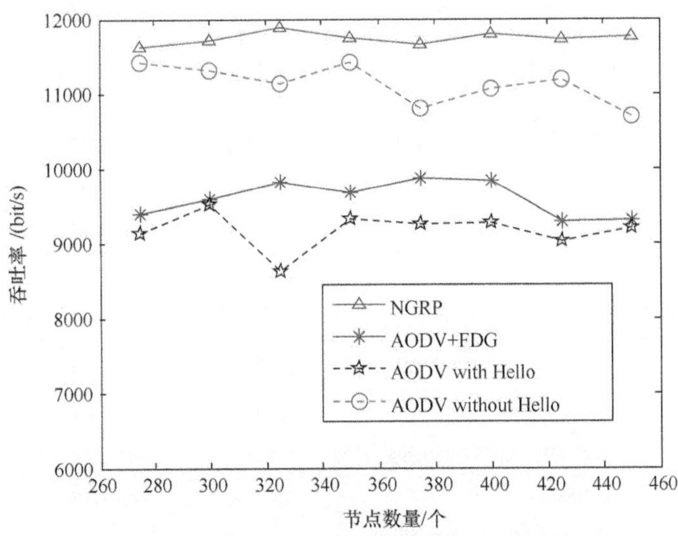

图 3.9　节点数量对吞吐率的影响

表 3.8　网络负载变化情况下的 NGRP 仿真结果

每秒发包数量/个	延迟/s	分组投递率	路由开销/个	MAC 开销/个	吞吐率/(bit/s)
1	0.172621	0.96381	2.97558	43.4758	11616.6
2	0.154859	0.9731	1.42793	39.4667	23369
4	0.106418	0.98429	0.81127	38.5085	47124.2
8	0.196041	0.90292	1.38034	39.1843	86279.2
16	1.14099	0.343	4.53664	55.7339	65466.4

表 3.9　网络负载变化情况下的 AODV+FDG 仿真结果

每秒发包数量/个	延迟/s	分组投递率	路由开销/个	MAC 开销/个	吞吐率/(bit/s)
1	0.114052	0.7772	132.945	176.149	9399.32
2	0.112859	0.80436	65.1991	108.197	19246.7
4	0.125279	0.78054	33.6728	75.7216	37493.8
8	1.18342	0.68204	19.9833	70.261	65145.6
16	1.96249	0.32941	21.7006	74.5306	62593.7

表 3.10　网络负载变化情况下的 AODV with Hello 仿真结果

每秒发包数量/个	延迟/s	分组投递率	路由开销/个	MAC 开销/个	吞吐率/(bit/s)
1	0.473674	0.7594	144.896	187.645	9124.06
2	0.363511	0.77907	71.9884	112.751	18769.5
4	0.23251	0.78098	35.8094	76.8271	37307.8
8	0.785208	0.701	20.8644	65.3682	66745.3
16	1.66819	0.3201	24.1688	76.5214	60929.7

表 3.11　网络负载变化情况下的 AODV without Hello 仿真结果

每秒发包数量/个	延迟/s	分组投递率	路由开销/个	MAC 开销/个	吞吐率/(bit/s)
1	0.235732	0.94921	12.0937	52.1041	11417.8
2	0.269013	0.96804	6.8787	45.1104	23250
4	0.209446	0.90678	4.22276	40.5117	43436.6
8	0.362948	0.76037	6.80921	45.4293	72813.8
16	0.933913	0.31904	16.6526	66.9732	60950.6

源节点发包率对平均端对端延迟的影响如图 3.10 所示。可以看出，随着网络负载的增加，四种协议的延迟逐渐变大。NGRP 和 AODV without Hello 的延迟性能要优于 AODV+FDG 和 AODV with Hello。原因是，网络负载的增加导致网络竞争、冲突加剧，路由请求分组的重传次数逐渐增加，源节点重启路由发现过程的数量增加，因此延迟性能逐渐增加。NGRP 采用概率转发策略，不需要节点周期性发送 Hello 消息，可以在一定程度上缓解网络拥塞。

源节点发包率对分组投递率的影响如图 3.11 所示。可以看出，NGRP 协议的分组投递率明显优于其他三种协议。当源节点的发包率小于每秒 8 个时，四种协议的性能均呈现出先增加后减少的趋势，原因在于随着网络负载的增加，到达目的节点的数据分组数量逐渐增加，网络负载成倍增加，而到达目的节点的分组数量没有网络负载增加快。当源节点的发包率大于每秒 8 个时，四种协议的分组投递率剧烈下降，原因在于网络负载剧烈增加，四种协议广播路由请求分组导致剧烈的竞争和冲突。NGRP 的转发策略和不广播 Hello 消息，可以在这种情况下对网络性能起到缓解作用。

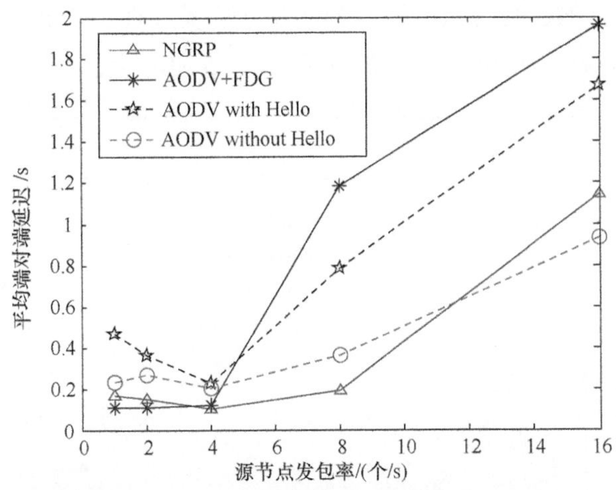

图 3.10　源节点发包率对平均端对端延迟的影响

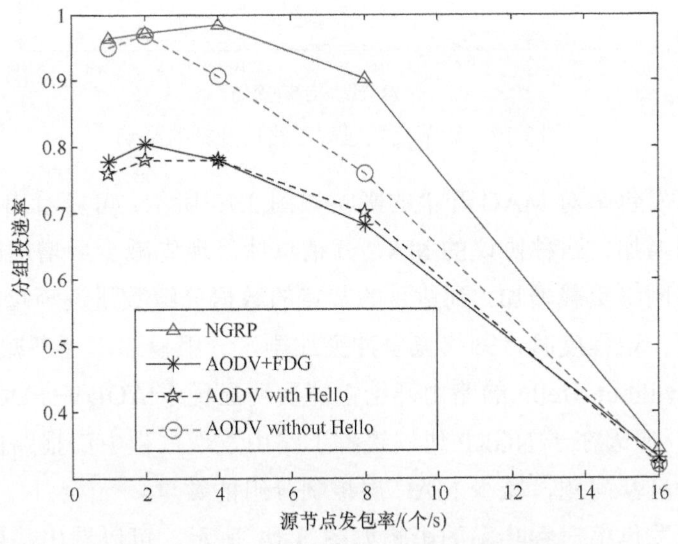

图 3.11　源节点发包率对分组投递率的影响

源节点发包率对路由开销的影响如图 3.12 所示。可以看出，随着网络负载的逐渐增加，四种协议的路由开销总体呈现先减少后增加的趋势，原因在于随着网络负载增加，到达目的节点的数据分组数量逐渐增加，当网络负载增加到一定程度时，网络竞争冲突加剧，分组投递率逐渐减少。NGRP 和

AODV without Hello 的路由开销性能要明显优于 AODV+FDG 和 AODV with Hello，原因在于 NGRP 协议可以缓解路由发现过程中广播路由请求分组导致的广播风暴问题，减少网络中的冗余、竞争和冲突。

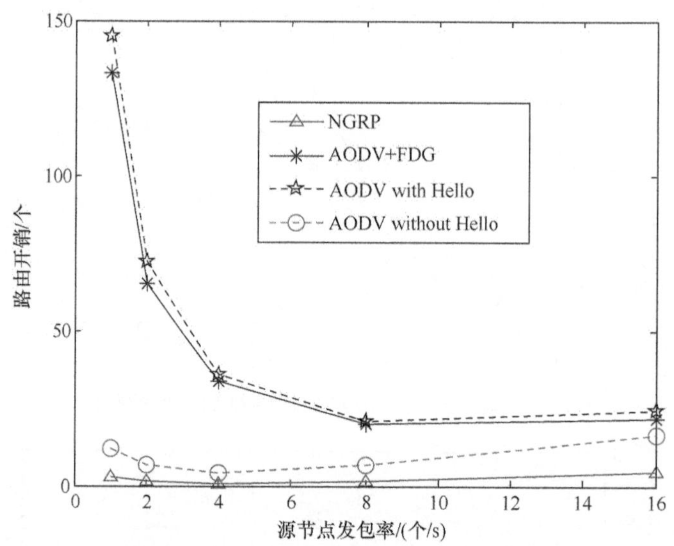

图 3.12　源节点发包率对路由开销的影响

源节点发包率对 MAC 开销的影响如图 3.13 所示。可以看出，随着网络负载的逐渐增加，四种协议的 MAC 开销总体呈现先减少后增加的趋势，原因在于随着网络负载增加，到达目的节点的数据分组数量逐渐增加，当网络负载增加到一定程度时，网络竞争冲突加剧，分组投递率逐渐减少。NGRP 和 AODV without Hello 的路由开销性能要明显优于 AODV+FDG 和 AODV with Hello，原因在于 NGRP 协议缓解了路由发现过程中广播路由请求分组导致的广播风暴问题，减少 MAC 层控制分组的数量。

源节点发包率对吞吐率的影响如图 3.14 所示。可以看出，四种协议的吞吐率均呈现出先增加后减少的趋势。当源节点的发包率小于每秒 8 个时，随着网络负载的增加，四种协议的吞吐率逐渐增加。当源节点的发包率大于每秒 8 个时，网络拥塞程度加剧，竞争冲突剧烈，导致到达目的节点的数据分组数量有所降低。尽管如此，NGRP 协议的吞吐率仍然优于其他三种协议，原因在于 NGRP 的路由发现过程缓解了广播路由请求带来的广播风暴问题，可以减少网络中的竞争和冲突。

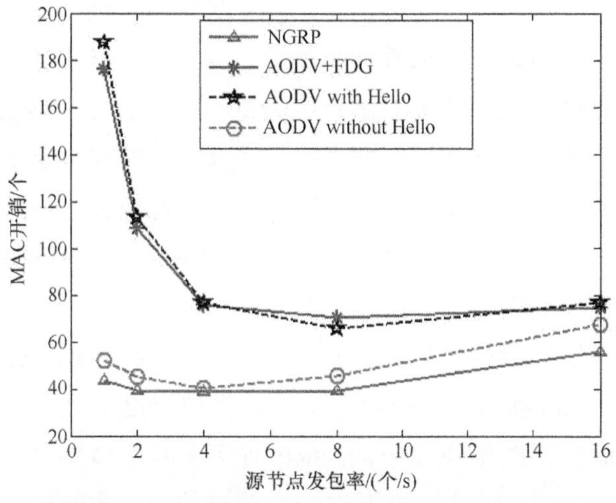

图 3.13　源节点发包率对 MAC 开销的影响

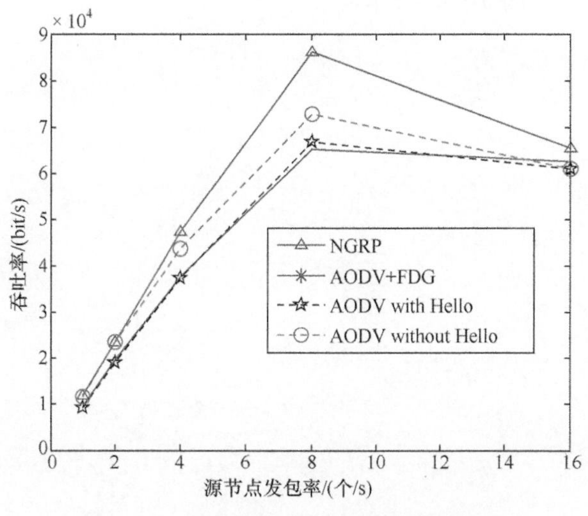

图 3.14　源节点发包率对吞吐率的影响

3.3.4　总结

本章对 Ad Hoc 网络路由发现过程中广播路由请求分组导致的广播风暴问题，提出一种基于节点度估计和静态博弈转发策略的 Ad Hoc 网络路由协议 NGRP。NGRP 采用考虑边界影响的节点度估计算法获得节点度信息，采用分段函数的思想将网络场景分为中心、边和角区域，分别估算网络中节点在不同区域的节点度，可以避免广播 Hello 消息导致的网络消耗；NGRP 路由请求分组的转发采用静态博弈转发策略，利用节点度估算参与转发路由请求分组的节点数量，将转发和不转发作为策略集合，设计效益函数，通过纳什均衡获得节点转发路由请求分组的转发概率，从而减少路由请求分组广播过程中产生的大量冗余、竞争和冲突，提高路由发现过程中路由请求分组的广播效率。运用 NS-2 从验证网络密度和网络负载对协议性能影响两个方面，对 NGRP 协议性能进行验证。仿真结果表明，NGRP 协议的分组投递率、路由开销、MAC 开销和吞吐率四项指标均优于 AODV+FDG、AODV with Hello 和 AODV with Hello 协议。下一步的工作是将节点度估计算法和静态博弈转发策略引入其他按需路由协议中。NGRP 适用于网络节点数量较多且网络中节点分布均匀的场景，因此还需要进一步改进协议，才能适用于网络节点数量稀疏和节点分布不均匀的场景。

第 4 章　NS-2 仿真三维飞行自组织网络路由协议

4.1　引　　言

UAV 是新军事变革的代表性装备，是信息化装备与机械化装备的有机结合，充分体现了未来战争信息化、网络化、无人化和非接触等特点，是最符合未来战争需求和世界装备发展潮流的航空武器装备，已经逐渐成为现代战争中不可或缺的重要装备[47-49]。UAV 技术和性能的不断发展、任务需求的不断提高，以及战场环境的不断复杂，使单架 UAV 已经无法满足任务需求。多架 UAV 组网不仅能够完成单架 UAV 不能完成的任务，还能大大提高系统的作战效能。美国国防部发布的《2011-2036 年无人机系统综合路线图》明确把 UAV 编队组网作为未来重点发展的技术路线之一，以满足未来信息化战争中联合作战的基本需求。

多 UAV 系统具有成本低、可扩展性好、生存能力强、多视点侦察、雷达截面小、可靠性高和抗毁性强等诸多优点[50-53]，在民用和军用领域具有广阔的应用前景，受到世界各国的广泛关注。在实际环境中运用多 UAV 系统，面临诸多亟待解决和完善的难点问题。对于大规模、小型化的 UAV 组成的多 UAV 系统而言，通信问题是限制其效能的瓶颈问题之一。Bekmezci 等[54]在 2013 年首次提出 FANETs [5,27]。FANETs 的基本思想是运用 Ad Hoc 网络组网灵活、快捷、高效和不需要固定设施辅助等优点，实现多 UAV 系统的高效通信[55-58]。FANETs 将传统 Ad Hoc 网络从地面扩展到空中，从二维拓展到三维。在 FANETs 中，UAV 节点的高速运动使网络拓扑在三维空间高动态变化，导致 UAV 节点之间的通信链路断开频繁，为建立吞吐量高、延迟小、能耗低的端对端的通信链路带来前所未有的挑战[59-63]。然而，挑战也伴着机遇，计算机处理能力不断提升并呈现小型化趋势，不断增强 UAV 节点的计算和存储能力，为实现高性能的 FANETs 通信协议提供了基础。

研究 FANETs 的意义在于，有望为智慧城市、飞行物联网的实现提供理论支撑，为构建空天一体信息传输体系提供理论基础；可为弹群组网协同提供技术基础，有望为导弹武器突防、在线任务规划和多目标协同攻击等行动提供技术支撑；为目标协同探测、集群攻击和集群反舰作战等领域的应用提供技术基础。

4.2　相关研究

FANETs 广阔的应用前景吸引了世界众多研究机构和科研人员的关注。在 FANETs 路由协议研究领域，麻省理工学院、土耳其空军学院、北京航空航天大学和西北工业大学等单位也相继开展研究工作，涌现了一些有价值的科研成果。FANETs 路由协议按照应用空间的维度，可分为二维 FANETs 路由和三维 FANETs 路由。

1. 二维 FANETs 路由协议研究现状

国内外很多研究者开展了二维 FANETs 路由协议的研究工作。文献[64]提出一种新的适用于 UAV 编队的区播路由协议 (Geocast Routing Protocol for Fleet of UAVs，GeoUAVs)。GeoUAVs 利用地理位置信息，考虑节点移动、网络动态拓扑和可靠性等因素，将数据高效传递给网络中的一组特定的 UAV 节点。文献[65]提出一种多信息移动感知路由 (Multi Information Amount Movement Aware，MIAMA)。MIAMA 通过控制测量组件感知速度信息，并用于下一跳路由的选择。文献[66]提出基于传输次数期望的优化链路状态路由 (optimized link state routing expected transmission count，OLSR-ETX)。文献[67]提出一种 FANETs 航迹感知机会路由协议 (Course-aware Opportunistic Routing for FANETs，CORF)。CORF 需要网络中的 UAV 节点交换地理位置信息，基于方向信息和转移概率选择下一跳中继节点。文献[68]提出一种 FANETs 基于 Q 学习的地理路由 (Q-learning-based geographic routing，QGeo)。QGeo 采用 Q 学习的思想优化路由决策过程，减少高动态拓扑环境下的网络消耗。文献[69]提出 FANETs 基于 Q 学习的多目标优化路由 (Q-learning based multi-objective-optimization routing，QMR)。

QMR 自适应调整 Q 学习参数来适应网络高动态拓扑，利用一种新的探索与开发机制，探索潜在最优路径。文献[70]实现了 FANETs 基于连续霍普菲尔德神经网络优化的路由 (Continuous Hopfield Neural Network-DSR，CHNN-DSR)。文献[27]主要研究 FANETs 蚁群优化算法与路由协议的映射机制，实现高性能的 FANETs 蚁群路由协议。

2. 三维 FANETs 路由协议研究现状

文献[71]认为三维 Ad Hoc 网络路由协议对三维 FANETs 具有良好的适应性。文献[72]认为基于地理位置的路由协议，能够适用于三维无线网络。文献[73]提出一种采用贪婪-随机-贪婪(greedy-random-greedy，GRG)模式的随机三维地理位置路由，在数据传输过程中采用贪婪算法，当陷入僵局时采用随机策略选择下一跳节点转发分组。文献[74]提出一种三维 Ad Hoc 网络高效、传输可靠的贪婪-外壳-贪婪 (greedy-hull-greedy，GHG)地理位置路由算法。该算法包含一个贪婪转发算法和一个外壳路由算法。文献[75]针对三维 Ad Hoc 网络提出四种随机地理路由算法。

广播是 FANETs 最基础的通信方式之一。在三维 FANETs 路由发现过程中广播路由请求，会面临广播风暴问题，大量的冗余、竞争和冲突会浪费网络带宽，大量消耗节点的能量，严重影响 FANETs 的性能。为了缓解广播风暴问题，文献[76]提出一种新的基于动态邻居的广播风暴问题的算法 (dynamic neighborhood-based algorithm for the broadcast storm problem，DNA-BSP)，根据节点的邻居数动态调整转发概率。文献[77]提出一种三维 FANETs 自适应转发协议 (Adaptive Forwarding Protocol，AFP)。AFP 运用上一跳节点、当前节点和目的节点的地理位置信息计算转发概率。文献[5]提出一种三维 FANETs 新的自适应广播协议 (Novel Adaptive Broadcasting Protocol，NABP)。NABP 应用跨层设计的方法，允许路由层共享 MAC 的接收信号强度信息，然后利用信号强度信息计算增加通信范围，并根据增加通信范围计算转发概率，让增加通信范围大的节点以高概率转发分组。

仿真是验证三维 FANETs 路由协议性能的有效手段之一。文献[78]用系统级的网络仿真软件 NS-2，对静态三维 FANETs 地理位置路由算法的性能进行仿真分析，仿真结果验证了贪婪算法、指南针算法和最快转发算法等 14 种算法的网络性能。文献[79]通过构建动态三维 Ad Hoc 网络场景，验证了传统的基于拓扑的路由协议和地理位置路由协议对三维 FANETs 的适应性。文献[78]，[79]使用仿真方法分析三维 FANETs 路由协议性能，对后续三维 FANETs 路由协议的研究有借鉴意义。

UAV 节点高速移动导致三维 FANETs 网络拓扑动态变化，给设计实现高性能的路由协议带来挑战。文献[80]提出一种能量高效的 Hello (energy efficient hello，EE-Hello)消息发送机制。EE-Hello 基于可用的任务信息、允许空域、UAV 数量、UAV 速度，以及 UAV 的传输距离，自适应调整发送 Hello 消息的时间间隔。文献[81]提出一种基于强化学习的自学习路由协议 (Self-learning Routing Protocol based on Reinforcement Learning，RLSRP)。RLSRP 可以实现自动进化、高效的路由方案。文献[82]基于优化链路状态路由 (optimized link state routing，OLSR) 协议，提出预测优化链路状态路由 (predictive OLSR，P-OLSR) 协议。P-OLSR 利用 Hello 消息获取拓扑信息计算链路质量，选择链路质量好的链路进行通信。文献[83]提出基于树的分布式优先级 FANETs 路由协议 (distributed priority tree-based routing，DPTR)，通过路由控制规则优化树的结构，提高网络的性能。

FANETs 路由协议的研究现状如表 4.1 所示。

表 4.1 FANETs 路由协议的研究现状

名称	空间维数	动态/静态	仿真软件
GeoUAVs[64]	二维	动态	NS-3
MIAMA[65]	二维	动态	NS-2
OLSR-ETX[66]	二维	动态	NS-3
CORF[67]	二维	动态	ONE
QGeo[68]	二维	动态	NS-3
QMR[69]	二维	动态	WSNet
CHNN-DS[70]	二维	动态	NS-3
文献[27]	二维	动态	NS-2
GRG[73]	三维	静态	Sinalgo
GHG[74]	三维	静态	EASIM

续表

名称	空间维数	动态/静态	仿真软件
文献[75]	三维	静态	未知
DNA-BSP[76]	三维	动态	OMNeT++
AFP[77]	三维	动态	NS-2
NABP[5]	三维	动态	NS-2
文献[78]	三维	静态	NS-2
文献[79]	三维	动态	NS-2
EE-Hello[80]	三维	动态	NS-3
RLSRP[81]	三维	动态	NS-2
P-OLSR[82]	三维	动态	EMANE
DPTR[83]	三维	动态	NS-2

可以看到，NS-2 是 FANETs 路由协议仿真的主流软件。这与文献[55]统计的结果一致，原因在于 NS-2 被国内外众多研究者掌握，NS-2 能提供数量足够多的仿真场景。

4.3　三维 FANETs 路由协议仿真

4.3.1　AODV 协议和 AOMDV 协议原理

AODV 协议的原理在 2.3.1 节有叙述，这里不再赘述。AOMDV(Ad Hoc on-demand multipath distance vector)协议在 AODV 协议的基础上，实现了源节点到目的节点的多条路径。本节主要开展 AODV 协议和 AOMDV 协议在三维空间 FANETs 的仿真工作，通过仿真结果分析比较两种协议在三维空间 FANETs 的适应性。

4.3.2　仿真参数

仿真环境是带有 CMU 无线扩展的 NS-2(Version 2.34)，仿真场景为 750m×750m×750m 的三维空间区域，网络带宽为 2Mbit/s。仿真分以下五组进行。

① 验证网络密度对协议性能的影响。

② 验证网络负载对协议性能的影响。

③ 验证传输半径对协议性能的影响。

④ 验证初始能量对协议性能的影响。

⑤ 验证暂停时间对协议性能的影响。

仿真协议为 AODV 协议和 AOMDV 协议。仿真结果均为 10 次仿真的平均值。表 4.2 所示为仿真的公共参数。

表 4.2 仿真的公共参数

参数名称	数值
MAC 层协议	802.11
传播模型	FreeSpace
信道	WirelessChannel
物理层	WirelessPhy
队列模型	PriQueue
队列长度	500
逻辑链路层模型	LL
节点数量	50 个
仿真时间	200s
仿真场景	750m×750m×750m
数据流	CBR
数据流连接数	10 个
移动模型	RWP
节点最大移动速度	10m/s
队列长度	50
发送功率	1.6W
接收功率	1.2W
空闲功率	1.15W
睡眠功率	0.001W

4.3.3 仿真结果

1. 验证节点数量对协议性能的影响

改变网络中节点的数量可以得到性能随节点数量变化的情况。移动节点数量分别为 150，180，…，300，源节点的分组发送速率为 1 个分组/s，暂停时间为 100s，节点初始能量 200J，节点的无线传输半径为 250m。仿真结果如表 4.3 和表 4.4 所示。

表 4.3　节点数量变化情况下的 AODV 协议仿真结果

节点数量/个	延迟/s	吞吐率/(bit/s)	分组投递率/%	路由开销/个	MAC 开销/个	生命周期/s
150	0.227539	25672.7	82.879	34.975	53.262	173.868
180	0.269223	25241.7	81.576	44.046	64.492	173.753
210	0.476479	23773.9	76.815	57.21	80.694	173.461
240	0.337392	24392.5	78.36	61.839	83.011	173.548
270	0.580062	23589.4	76.783	72.537	95.391	173.516
300	0.400604	23300.6	75.309	82.535	104.665	173.3

表 4.4　节点数量变化情况下的 AOMDV 协议仿真结果

节点数量/个	延迟/s	吞吐率/(bit/s)	分组投递率/%	路由开销/个	MAC 开销/个	生命周期/s
150	0.031869	25868	83.601	29.977	52.385	173.782
180	0.040986	25540.6	82.383	36.642	62.346	173.804
210	0.048955	24815.2	79.971	44.46	75.055	173.6
240	0.042324	25283.2	81.959	49.335	78.484	173.587
270	0.048415	24740.8	79.782	57.333	89.486	173.793
300	0.047549	25071.9	81.32	62.481	95.758	173.576

节点数量对平均端对端延迟的影响如图 4.1 所示。可以看出，随着节点数量的增加，AOMDV 协议的延迟性能保持稳定，AODV 协议的延迟性能出现抖动，AOMDV 协议的延迟性能明显优于 AODV 协议。原因在于，AOMDV 协议在源节点的目的节点之间可以建立多条路径，减少链路断开的次数，增加到达目的节点的分组数量。

节点数量对吞吐率的影响如图 4.2 所示。可以看出，随着节点数量的增加，AOMDV 协议和 AODV 协议的吞吐率呈现出下降趋势，AOMDV 协议的吞吐率明显好于 AODV 协议。原因在于，随着节点数量的增加，源节点和目的节点之间的跳数逐渐增加，因此两种协议的吞吐率呈现出下降的趋势；

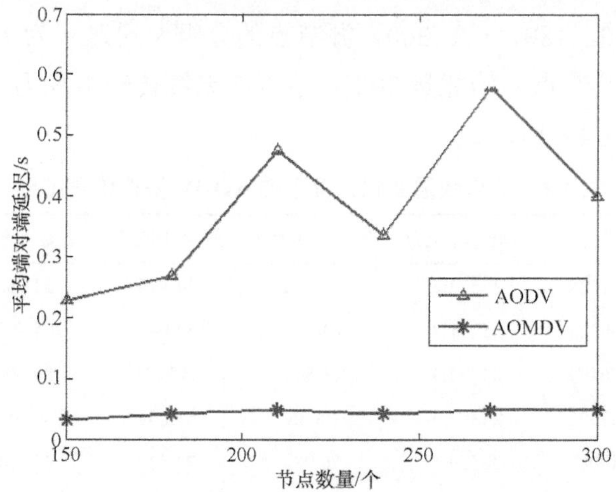

图 4.1　节点数量对平均端对端延迟的影响

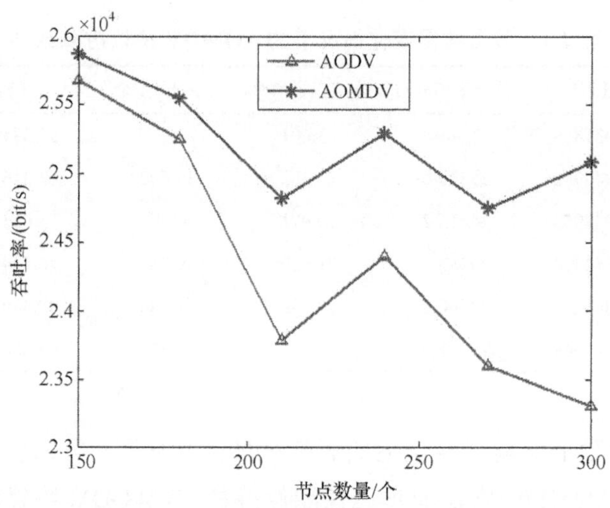

图 4.2　节点数量对吞吐率的影响

AOMDV 协议在源节点的目的节点之间建立多条路径，可以减少链路断开的次数和频率，增加到达目的节点的分组数量。同理，可以解释图 4.3 显示的分组投递率随节点数量变化的情况。

节点数量对路由开销的影响如图 4.4 所示。可以看出，随着节点数量的逐渐增加，两种协议的路由开销逐渐增加，AOMDV 协议的路由开销明显好于 AODV 协议，这种趋势变得越来越明显。原因在于，随着节点数量的增加，源节点和目的节点之间的跳数逐渐增加，参与路由过程节点逐渐增加，加上到达目的节点的分组逐渐减少，使两种协议的路由开销呈现出增加的趋势；AOMDV 协议建立从源节点到目的节点之间的多条路径，可以减少因链路断开重启路由发现过程中引起的路由开销，因此 AOMDV 协议的路由开销性能好于 AODV 协议。同理，可以解释图 4.5 中节点数量对 MAC 开销的影响。

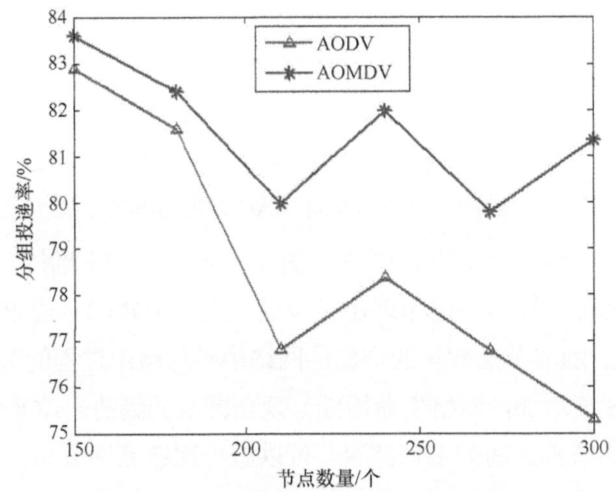

图 4.3　节点数量对分组投递率的影响

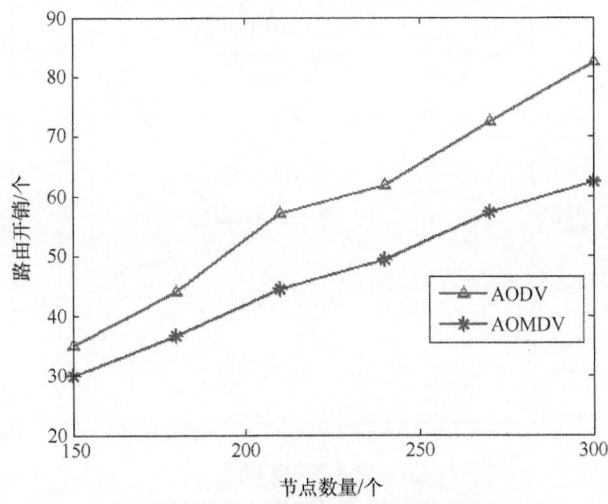

图 4.4　节点数量对路由开销的影响

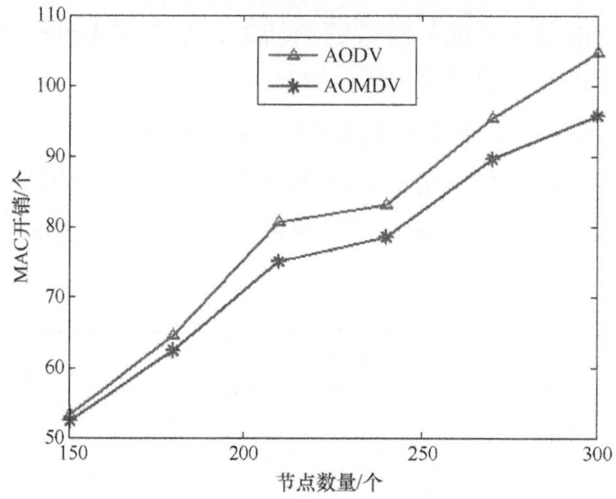

图 4.5　节点数量对 MAC 开销的影响

节点数量对网络生命周期的影响如图 4.6 所示。可以看出，随着节点数量的逐渐增加，两种协议的性能呈现出减少的趋势，AOMDV 协议的性能明显好于 AODV 协议。随着节点数量的增加，网络中参与路由过程的节点逐渐增加，因此能量消耗逐渐增加，网络生命周期呈现出减少的趋势。AOMDV 协议建立从源节点到目的节点之间的多条路径，可以减少因链路断开重启路由发现过程中发送的路由请求分组的数量，因此可以减少能量消耗，提高网络生命周期。

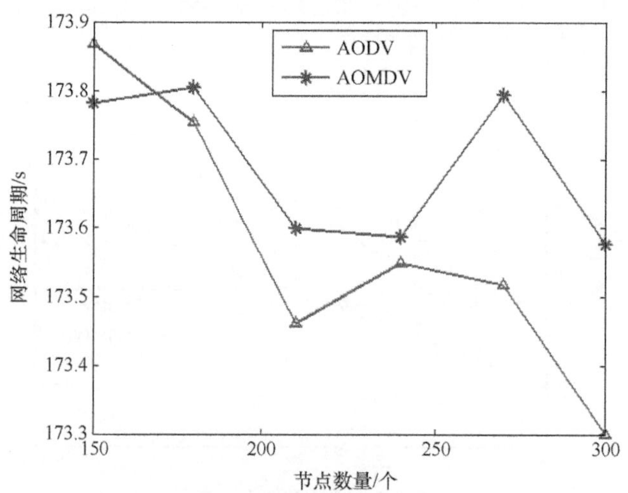

图 4.6　节点数量对网络生命周期的影响

2. 验证网络负载对协议性能的影响

改变网络中源节点发送数据分组的发包率，可以得到性能随网络负载变化的情况。移动节点数量为 150 个，源节点每秒发送的数据包数量分别为 1、2、4、8、16，暂停时间为 100s，节点初始能量为 200J，节点的无线传输半径为 250m。仿真结果如表 4.5 和表 4.6 所示。

表 4.5　网络负载变化情况下的 AODV 协议仿真结果

每秒发包数量/个	延迟/s	吞吐率/(bit/s)	分组投递率/%	路由开销/个	MAC 开销/个	生命周期/s
1	0.49566	24931.1	80.431	40.591	60.647	173.759
2	0.484432	48055.8	77.791	21.523	41.37	173.421
4	0.630131	86574.4	70.621	12.824	34.398	172.851
8	1.64904	119290	49.211	10.268	37.701	172.19
16	3.83918	149309	31.067	9.144	39.498	171.987

表 4.6　网络负载变化情况下的 AOMDV 协议仿真结果

每秒发包数量/个	延迟/s	吞吐率/(bit/s)	分组投递率/%	路由开销/个	MAC 开销/个	生命周期/s
1	0.037717	25145	81.042	32.146	58.626	173.708
2	0.039323	50190.3	81.308	16.048	38.377	173.541
4	0.078403	93328	76.246	9.135	32.536	172.845
8	1.133	123607	51.047	8.245	40.092	172.062
16	4.82529	143476	29.925	8.887	45.14	171.694

源节点发包率对平均端对端延迟的影响如图 4.7 所示。可以看出，随着源节点发包率的增加，两种协议的延迟性能逐渐增加，当源节点发包率较小时，AOMDV 协议的延迟性能好于 AODV 协议，当源节点发包率较大时，AODV 协议的延迟性能好于 AOMDV 协议。源节点发包率增加，网络负载逐渐增加，导致网络拥塞逐渐增加，因此两种协议的延迟性能逐渐增加；当源节点发包率较小时，AOMDV 协议建立多条路径，可以减少链路断开重启路由发现过程的次数和消耗的时间，因此延迟性能好于 AODV 协议；当源节点发包率较大时，网络拥塞程度加剧，AOMDV 协议建立多条路径，反而会加剧拥塞，导致延迟性能不及 AODV 协议。

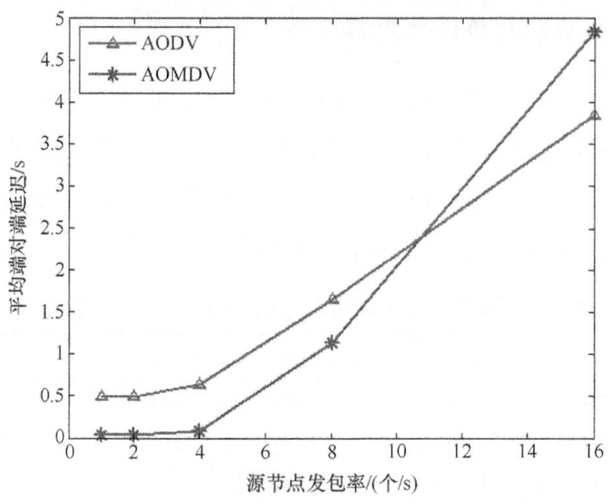

图 4.7　源节点发包率对平均端对端延迟的影响

源节点发包率对吞吐率的影响如图 4.8 所示。可以看出，随着源节点发包率的成倍增加，两种协议的吞吐率逐渐增加，当源节点发包率较小时，AOMDV 协议的吞吐率好于 AODV 协议；当源节点发包率较大时，AODV 协议的吞吐率好于 AOMDV 协议。原因在于，源节点发包率成倍增加，网络负载逐渐成倍增加，目的节点接收到的分组逐渐增加；当源节点发包率较小时，AOMDV 协议建立多条路径，确保更多的分组到达目的节点；当源节点发包率较大时，AOMDV 协议的多路径机制反而造成更多的拥塞，消耗更多的能量，导致到达目的节点的分组数量减少。

源节点发包率对分组投递率的影响如图 4.9 所示。可以看出，随着源节点发包率的成倍增加，两种协议的分组投递率呈下降趋势，当源节点发包率较小时，AOMDV 协议的分组投递率好于 AODV 协议；当源节点发包率较大时，AODV 协议的分组投递率好于 AOMDV 协议。源节点发包率成倍增加，源节点发送的数据分组成倍增加，网络拥塞程度逐渐增加，目的节点接收到的分组增加的速度不如源节点发送分组增加的速度，因此两个协议的分组投递率呈现下降趋势；当源节点发包率较小时，AOMDV 协议建立多条路径，确保更多的分组到达目的节点，因此性能优于 AODV 协议；当源节点发包率较大时，AOMDV 协议的多路径机制反而造成更多的拥塞，消耗更多的能量，导致到达目的节点的分组数量降低，因此性能不如 AODV 协议。

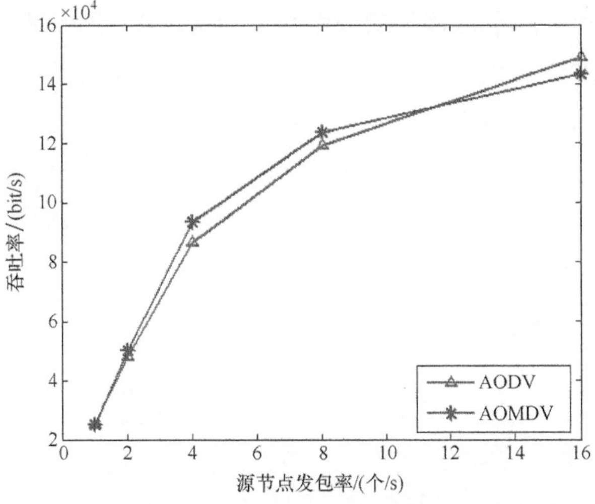

图 4.8　源节点发包率对吞吐率的影响

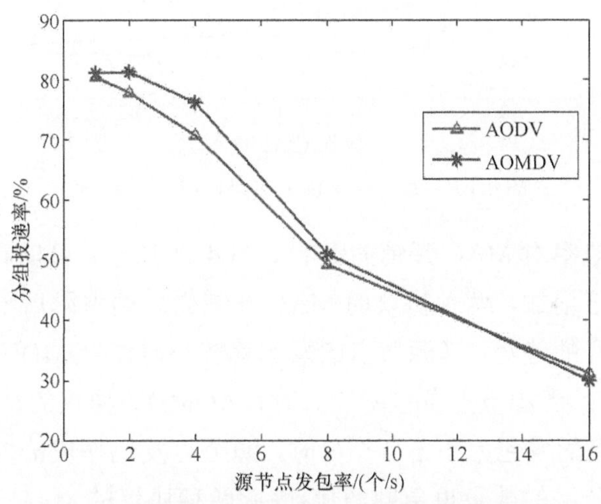

图 4.9　源节点发包率对分组投递率的影响

源节点发包率对路由开销的影响如图 4.10 所示。可以看出，随着源节点发包率的成倍增加，两种协议的路由开销先急剧下降后趋于平稳，总体呈下降趋势；AOMDV 协议的路由开销要优于 AODV 协议。当源节点的发包率小于 4 个/s 时，源节点发包率成倍增加，目的节点接收到的数据分组的数量也急剧增加，因此两种协议的路由开销急剧下降；当源节点的发包率大于 4 个/s 时，随着源节点发包率成倍增加，网络的拥塞程度增加，节点发送的控制分组数量和目的节点接收的分组数量均有增加，因此两种协议的性能趋于平稳；AOMDV 协议采用多路径机制，路由发现次数比 AODV 协议少，因此控制开销优于 AODV 协议。

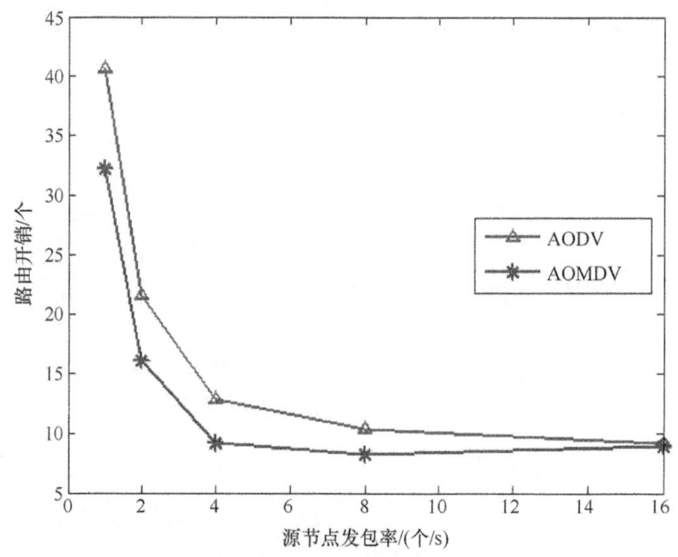

图 4.10 源节点发包率对路由开销的影响

源节点发包率对 MAC 开销的影响如图 4.11 所示。可以看出，随着源节点发包率的成倍增加，两种协议的 MAC 开销先急剧下降后平稳上升，总体呈先下降后上升的趋势，当源节点的发包率较小时，AOMDV 协议的性能优于 AODV 协议；当源节点发包率较大时，AOMDV 协议的性能不如 AODV 协议。当源节点的发包率小于 4 个/s 时，源节点发包率成倍增加，目的节点接收到的数据分组的数量也急剧增加，因此两种协议的 MAC 开销急剧下降，AOMDV 协议采用多路径机制，可以减少路由重启过程中的 MAC 层控制分组数量；当源节点的发包率大于 4 个/s 时，随着源节点发包率成倍增加，网络中拥塞程度增加，节点发送的 MAC 控制分组数量比目的节点接收的分组数量增加得快，因此两种协议的性能逐渐增加；AOMDV 协议采用多路径机制，在网络拥塞程度大的情况下，可以消耗更多的 MAC 层控制分组，同时到达目的节点的数据分组有所减少，因此 MAC 开销不如 AODV 协议。

源节点发包率对网络生命周期的影响如图 4.12 所示。可以看出，随着源节点发包率的成倍增加，两种协议的网络生命周期呈现下降趋势，AODV 协议的性能总体好于 AOMDV 协议。随着源节点发包率成倍增加，节点发送、接收控制分组和数据分组的数量逐渐增加，消耗的能量逐渐增加，因此网络生命周期逐渐减少。AODV 协议采用单路径机制，参与路由建立过程的节点数量相对较少，消耗的能量相对较少，因此网络生命周期相对较长。

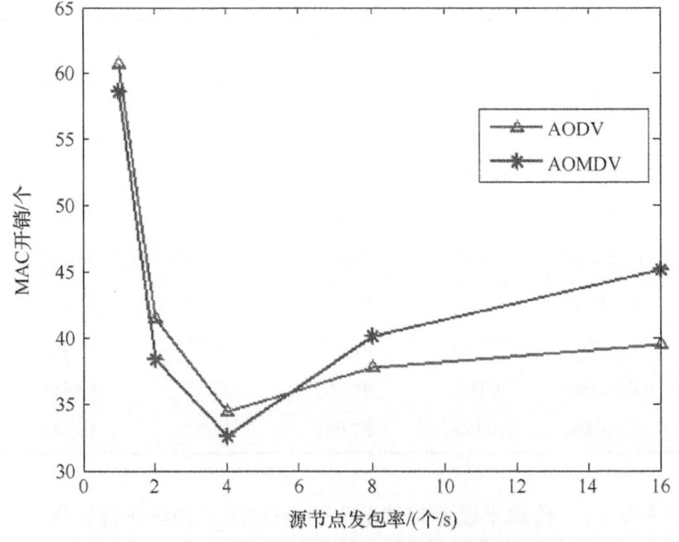

图 4.11　源节点发包率对 MAC 开销的影响

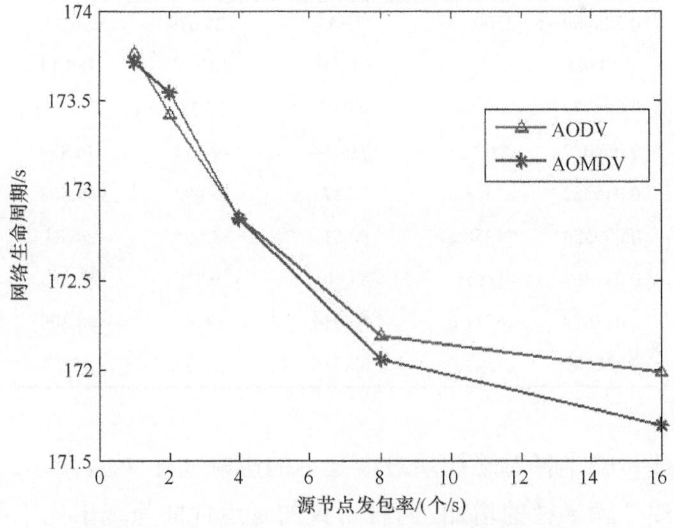

图 4.12　源节点发包率对网络生命周期的影响

3. 验证无线传输半径对协议性能的影响

节点的无线传输半径从 100~300m 变化，可以得到性能随无线传输半径变化的情况。移动节点数量为 150 个，源节点的分组发送速率为 1 个分组/s，暂停时间为 100s，节点初始能量为 200J。仿真结果如表 4.7 和表 4.8 所示。

表 4.7　传输半径变化情况下的 AODV 协议仿真结果

无线传输半径/m	延迟/s	吞吐率/(bit/s)	分组投递率/%	路由开销/个	MAC 开销/个	生命周期/s
100	3.15256	2509.73	8.062	348.522	407.472	174.748
125	1.45656	7004.4	22.624	132.569	183.204	174.781
150	0.390671	18705	60.209	53.025	96.556	174.463
175	0.190159	22080.6	71.445	42.624	74.035	174.477
200	0.204004	23772	76.45	39.034	64.198	174.309
225	0.178136	24792.8	80.256	36.779	58.171	173.984
250	0.227539	25672.7	82.879	34.975	53.262	173.868
275	0.24986	26413	85.469	33.657	49.434	173.608
300	0.259464	27095.3	87.001	32.221	45.942	173.464

表 4.8　传输半径变化情况下的 AOMDV 协议仿真结果

无线传输半径/m	延迟/s	吞吐率/(bit/s)	分组投递率/%	路由开销/个	MAC 开销/个	生命周期/s
100	0.286469	2300.54	7.342	225.679	290.235	174.868
125	0.14564	6622.8	21.338	123.11	180.14	174.724
150	0.088777	18350	59.09	58.34	106.652	174.413
175	0.054077	22097.8	71.434	40.155	74.839	174.374
200	0.045282	23408.4	75.873	35.092	65.568	174.265
225	0.039524	24958.2	80.511	31.605	56.84	173.953
250	0.031869	25868	83.601	29.977	52.385	173.782
275	0.028699	26711.6	86.034	28.32	48.309	173.764
300	0.036009	27541.6	88.756	27.131	45.23	173.43

节点无线传输半径对平均端对端延迟的影响如图 4.13 所示。可以看出，随着节点无线传输半径的增加，两种协议的延迟性能呈现出先下降后趋于平

稳的特点，AOMDV 协议的性能优于 AODV 协议。当节点无线传输半径小于 175m 时，随着节点传输半径的增加，源节点与目的节点之间的跳数逐渐减少，因此平均端对端延迟逐渐减少；当节点无线传输半径大于 175m 时，网络中总延迟的增加和目的节点接收到分组数量的增加相当，因此延迟性能趋于稳定；AOMDV 协议采用多路径机制，可以减少路由重启过程中产生的延迟，因此性能优于 AODV 协议。

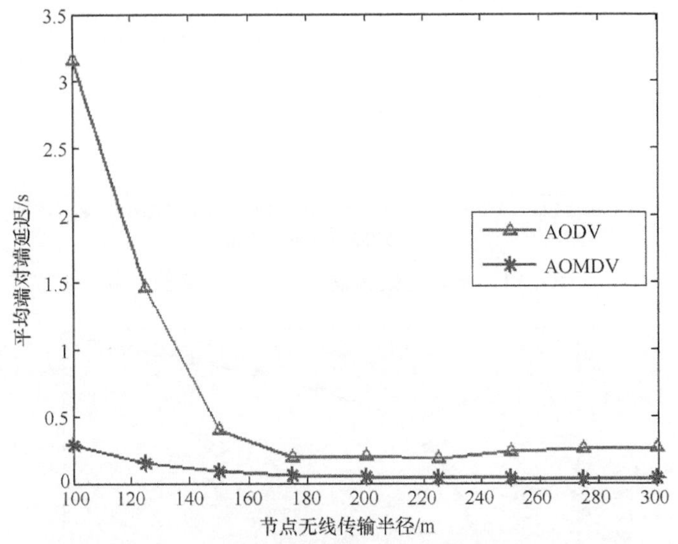

图 4.13　节点无线传输半径对平均端对端延迟的影响

节点无线传输半径对吞吐率的影响如图 4.14 所示。可以看出，随着节点无线传输半径的增加，两种协议的吞吐率先急剧增加而后平稳增加，但是协议的吞吐率性能相差不大。当节点无线传输半径小于 175m 时，随着节点传输半径的增加，网络的连通度逐渐增加，源节点与目的节点之间的跳数逐渐减少，因此目的节点接收到的数据分组数量迅速增加；当节点无线传输半径大于 175m 时，随着节点传输半径的增加，网络的连通度平稳增加，源节点与目的节点之间的跳数平稳减少，因此两种协议的吞吐率呈现出平稳增长的趋势；AODV 协议和 AOMDV 协议的目的节点接收到的数据分组数量相近，使两种协议的吞吐率指标相近。同理，可以解释图 4.15 中分组投递率随着节点无线传输半径变化的情况。

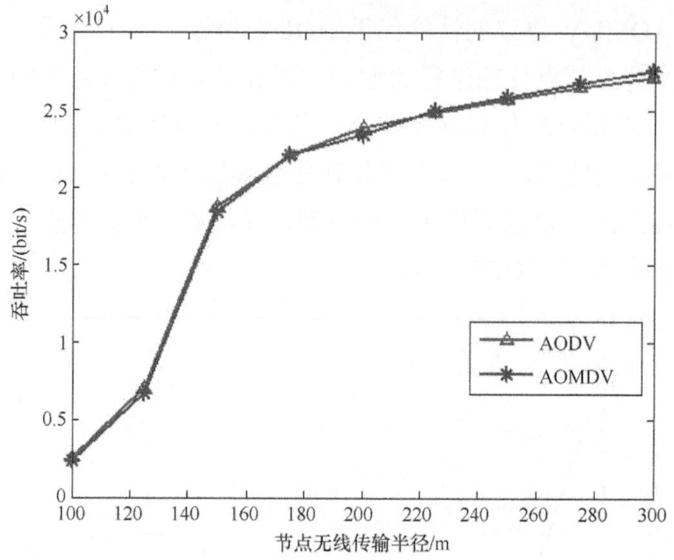

图 4.14　节点无线传输半径对吞吐率的影响

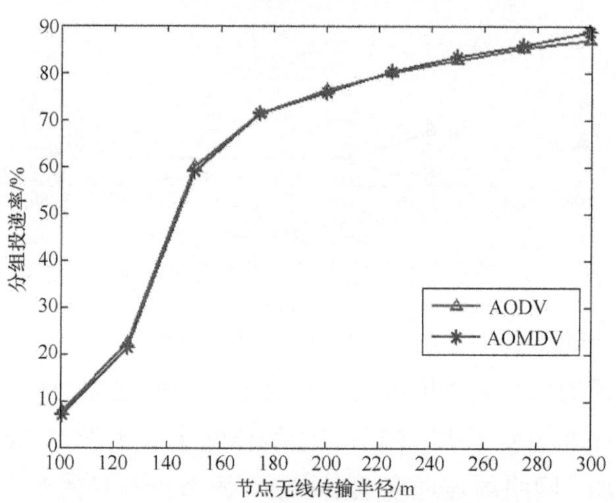

图 4.15　节点无线传输半径对分组投递率的影响

节点无线传输半径对路由开销的影响如图 4.16 所示。可以看出，随着节点无线传输半径的增加，两种协议的路由开销先急剧减少后平稳减少，AOMDV 协议的路由开销略微优于 AODV 协议。当节点无线传输半径小于 175m 时，随着节点传输半径的增加，目的节点接收到的数据分组数量迅速增加，因此两种协议的路由开销迅速减少；当节点无线传输半径大于 175m

时，随着节点传输半径的增加，目的节点接收到的分组数量平稳增加，网络中消耗的路由分组数量也在平稳增加，因此两种协议的路由开销趋于平稳；AOMDV 协议采用多路径机制，可以减少重启路由发现过程的路由开销，因此路由开销性能好于 AODV 协议。同理，可以解释图 4.17 中 MAC 开销性能随节点无线传输半径变化的情况。

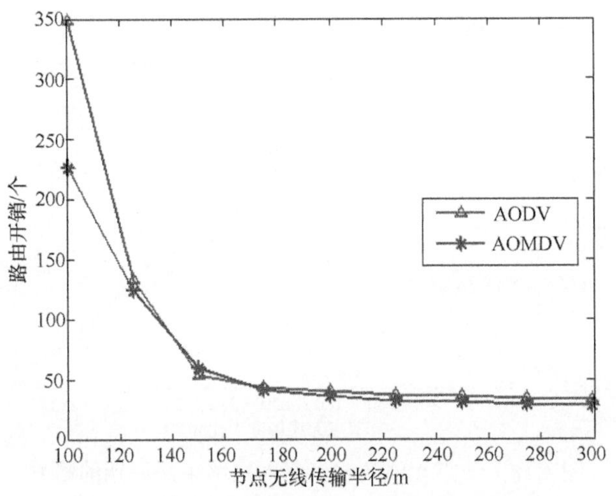

图 4.16　节点无线传输半径对路由开销的影响

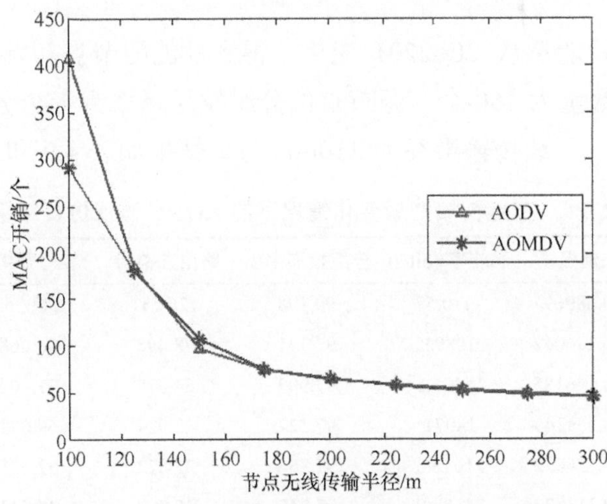

图 4.17　节点无线传输半径对 MAC 开销的影响

节点无线传输半径对网络生命周期的影响如图 4.18 所示。可以看出，随着节点无线传输半径的增加，两种协议的网络生命周期逐渐减少，两种协议的网络生命周期相当。随着节点无线传输半径增加，节点的通信范围增加，节点参与到路由过程的机会逐渐增多，消耗的能量逐渐增加，因此两种协议的网络生命周期逐渐减少。

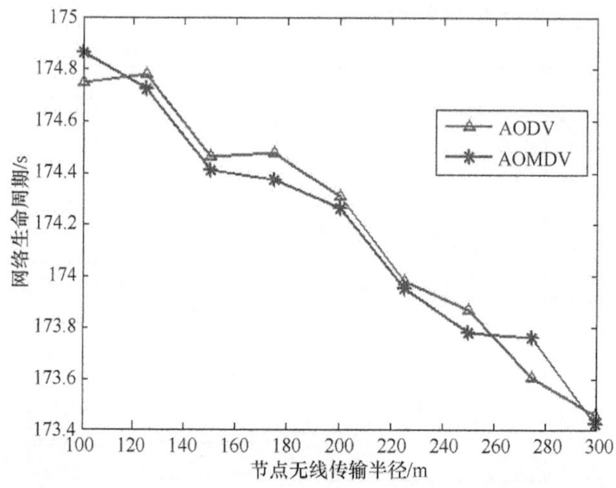

图 4.18　节点无线传输半径对网络生命周期的影响

4. 验证节点能量对协议性能的影响

节点的初始能量从 20~220J 变化，得到性能随节点初始能量变化的情况。移动节点数量为 150 个，源节点的分组发送速率为 1 个分组/s，暂停时间为 100s，节点无线传输半径为 250m。仿真结果如表 4.9 和表 4.10 所示。

表 4.9　节点初始能量变化情况下的 AODV 协议仿真结果

节点初始能量/J	延迟/s	吞吐率/(bit/s)	分组投递率/%	路由开销/个	MAC 开销/个	生命周期/s
20	0.689697	7470.57	99.198	126.731	144.362	17.8079
40	0.246062	10891	97.741	78.498	96.668	35.3237
60	0.146185	14421.5	97.909	54.379	71.402	52.7717
80	0.151149	18071	97.527	43.929	61.039	69.9721
100	0.126652	21648.3	97.356	35.822	52.621	87.5193
120	0.113879	24388.9	97.749	30.869	47.544	104.833
140	0.120897	24769.7	91.991	32.197	49.371	121.897
160	0.138641	24701	87.222	34.171	51.379	139.141

续表

节点初始能量/J	延迟/s	吞吐率/(bit/s)	分组投递率/%	路由开销/个	MAC 开销/个	生命周期/s
180	0.233348	25072.4	84.667	35.165	52.844	156.565
200	0.227539	25672.7	82.879	34.975	53.262	173.868
220	0.210268	26835	83.793	33.31	51.701	191.096

表 4.10　节点初始能量变化情况下的 AOMDV 协议仿真结果

节点初始能量/J	延迟/s	吞吐率/(bit/s)	分组投递率/%	路由开销/个	MAC 开销/个	生命周期/s
20	0.051143	7471.26	98.873	99.856	122.072	17.9819
40	0.038639	10903.4	98.78	67.95	89.528	35.2834
60	0.030981	14423.2	99.288	48.816	66.449	52.6552
80	0.030944	18151	98.575	39.209	56.875	69.9566
100	0.029644	21967.5	98.701	32.005	48.969	87.5395
120	0.028499	24628	98.257	28.142	44.508	104.887
140	0.029244	25361.3	93.715	28.243	45.807	121.954
160	0.030188	25384.9	89.384	29.004	48.218	139.205
180	0.031159	25342.2	85.432	29.977	51.178	156.616
200	0.031869	25868	83.601	29.977	52.385	173.782
220	0.031987	27043.2	84.371	28.528	50.662	191.094

节点初始能量对平均端对端延迟的影响如图 4.19 所示。可以看出，随着节点初始能量的增加，AODV 协议的延迟性能先急剧下降后趋于稳定；AOMDV 协议的延迟性能基本稳定，延迟性能优于 AODV 协议。当节点初始能量小于 120J 时，随着节点初始能量的增加，网络生命周期逐渐延长，目的节点接收到分组的数量迅速增加，因此 AODV 协议的延迟急剧减少；当节点初始能量大于 120J 时，随着节点初始能量的增加，参与路由过程中的节点数量逐渐增加，网络拥塞程度加剧，目的节点接收到分组的总延迟和总数量趋于平衡，因此 AODV 协议的延迟基本保持稳定；AOMDV 协议采用多路径机制，目的节点接收分组的总延迟的增长和总数量的增长相当，因此 AOMDV 协议的延迟性能保持平衡；AOMDV 协议的多路径机制使路由更稳定，可以减少重新路由发现过程产生的延迟，因此延迟性能优于 AODV 协议。

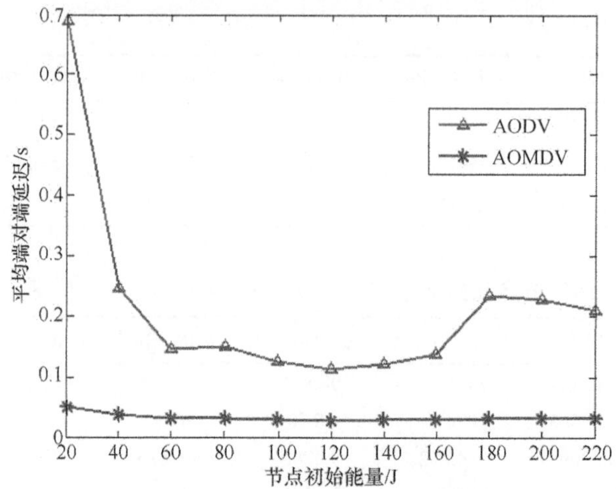

图 4.19　节点初始能量对平均端对端延迟的影响

节点初始能量对吞吐率的影响如图 4.20 所示。可以看出，随着节点初始能量的增加，两种协议的吞吐率性能先急剧上升后趋于稳定；AOMDV 协议的吞吐率略优于 AODV 协议。当节点初始能量小于 120J 时，随着节点初始能量的增加，节点参与路由过程的次数和时间明显增加，目的节点接收到分组的数量迅速增加，因此两种协议的吞吐率迅速增加；当节点初始能量大于 120J 时，随着节点初始能量的增加，源节点发送的数据分组逐渐增加，网络拥塞程度加剧，使目的节点接收数据分组的数量缓慢增加，因此两种协议的吞吐率保持稳定；AOMDV 协议的多路径机制相比 AOMDV 协议的单路径机制，链路更为稳定，可以减少链路断开的次数和频率，因此能够增加目的节点接收分组的数量。

节点初始能量对分组投递率的影响如图 4.21 所示。可以看出，随着节点初始能量的增加，两种协议的分组投递率性能先保持平稳后急剧下降，AOMDV 协议的吞吐率整体优于 AODV 协议。当节点初始能量小于 120J 时，随着节点初始能量的增加，网络生命周期逐渐延长，源节点发送数据分组的增加和目的节点接收数据分组的增加维持平衡状态，因此两种协议的分组投递率保持平稳；当节点初始能量大于 120J 时，源节点发送的数据分组逐渐增多，参与到路由过程的中间节点逐渐增加，目的节点接收到的数据分组数量的增长相对较慢，因此两种协议的分组投递率逐渐降低；AODV 协议的多路径机制使通信链路更稳定，因此分组投递率性能优于 AODV 协议。

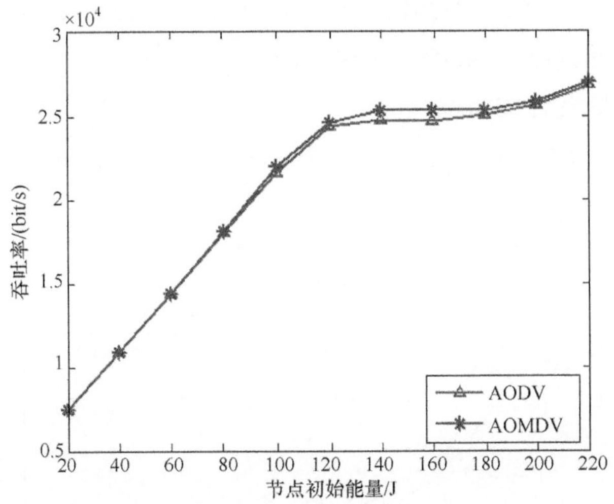

图 4.20　节点初始能量对吞吐率的影响

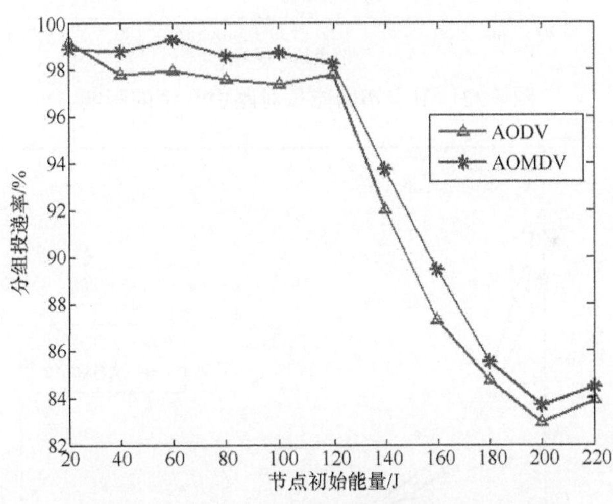

图 4.21　节点初始能量对分组投递率的影响

节点初始能量对路由开销的影响如图 4.22 所示。可以看出，随着节点初始能量的增加，两种协议的路由开销先下降后趋于平稳，AOMDV 协议的路由开销好于 AODV 协议。当节点初始能量小于 120J 时，随着节点初始能量的增加，网络生命周期逐渐延长，目的节点接收到的数据分组的数量迅速增加，因此两种协议的路由开销迅速下降；当节点初始能量大于 120J 时，目的节点接收分组增加的数量与控制分组增加的数量相当，因此两种协议的路由开销基本保持稳定；AOMDV 协议的多路径机制，减少了控制分组的数量，因此路由开销好于 AODV 协议。同理，可以解释图 4.23 中 MAC 开销随节点初始能量变化的情况。

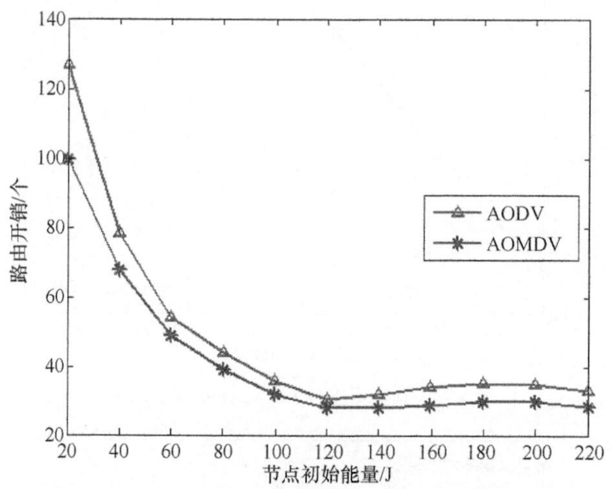

图 4.22　节点初始能量对路由开销的影响

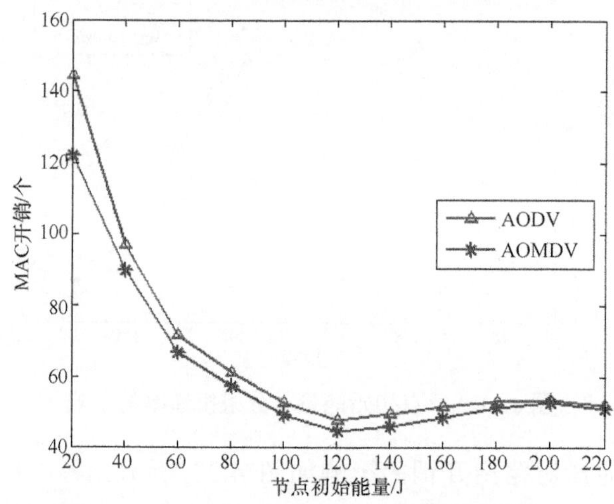

图 4.23　节点初始能量对 MAC 开销的影响

节点初始能量对网络生命周期的影响如图 4.24 所示。可以看出，随着节点初始能量的增加，两种协议的网络生命周期线性增加，两种协议的性能接近。随着节点初始能量逐渐增加，节点在路由建立过程中可用的能量就逐渐增加，因此网络生命周期逐渐增加；两种协议网络中第一个节点能量消耗殆尽的时间和初始能量相关，因此网络生命周期相近。

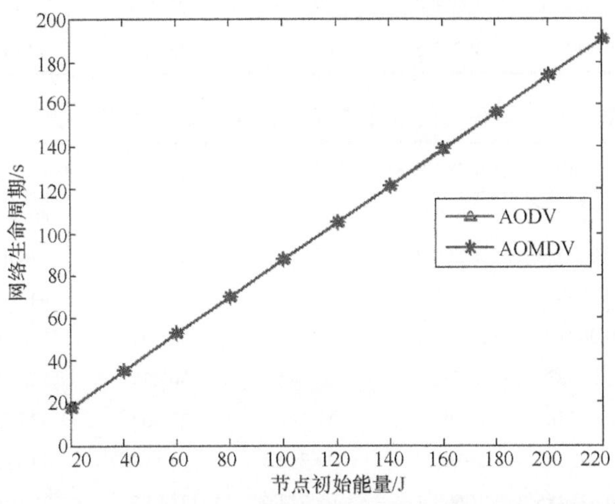

图 4.24　节点初始能量对网络生命周期的影响

5. 验证节点暂停时间对协议性能的影响

改变网络中节点的暂停时间，可以得到性能随暂停时间的情况。暂停时间在 0~200s 之间。暂停时间为 0s 代表网络中的节点一直运动，暂停时间为 200s 代表节点静止。源节点的分组发送速率为 1 个分组/s，暂停时间为 100s，节点的数量为 150 个，节点初始能量 200J，节点的无线传输半径为 250m。仿真结果如表 4.11 和表 4.12 所示。

表 4.11　暂停时间变化情况下的 AODV 协议仿真结果

节点暂停时间/s	延迟/s	吞吐率/(bit/s)	分组投递率/%	路由开销/个	MAC 开销/个	生命周期/s
0	0.549927	19940.7	64.737	55.795	76.215	173.342
25	0.445699	20197.1	65.307	53.653	77.15	173.436
50	0.410979	22912.2	73.513	43.539	65.285	173.582
75	0.270212	25072.4	80.974	37.426	59.081	173.826
100	0.203244	25198.2	80.988	36.331	55.732	173.971
125	0.104991	27003.7	87.037	31.526	51.421	173.985

续表

节点暂停时间/s	延迟/s	吞吐率/(bit/s)	分组投递率/%	路由开销/个	MAC开销/个	生命周期/s
150	0.133615	28740.4	92.627	26.714	45.805	173.957
175	0.12771	30238.4	97.606	23.988	41.261	174.15
200	0.090163	30295.5	97.945	23.711	39.173	174.347

表 4.12　暂停时间变化情况下的 AOMDV 协议仿真结果

节点暂停时间/s	延迟/s	吞吐率/(bit/s)	分组投递率/%	路由开销/个	MAC开销/个	生命周期/s
0	0.061593	19762	63.875	44.644	80.048	173.201
25	0.082554	20250.2	65.505	43.233	78.4	173.354
50	0.05004	23233.8	74.864	35.891	64.311	173.755
75	0.048107	25389.1	81.513	31.201	56.806	173.843
100	0.035834	25752.9	83.414	30.039	53.779	173.902
125	0.036561	27098.3	87.548	27.407	50.073	173.885
150	0.033099	29308.6	94.312	24.114	43.193	173.836
175	0.031486	30660.2	98.751	21.955	39.988	174.098
200	0.030111	30770.2	99.223	21.945	37.737	174.267

节点暂停时间对平均端对端延迟的影响如图 4.25 所示。可以看出，随着暂停时间的增加，两种协议的平均端对端延迟逐渐下降，AOMDV 协议的

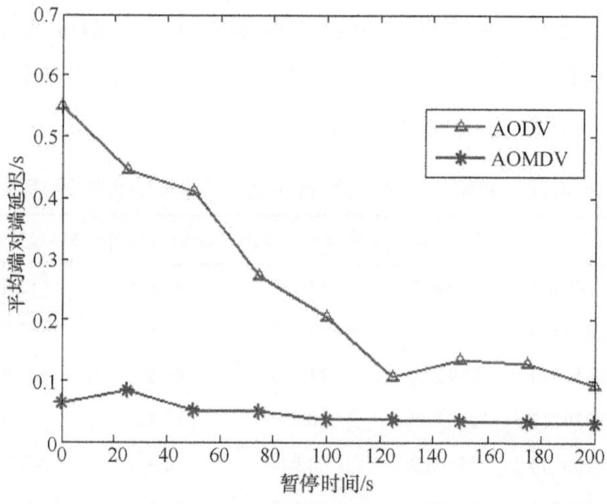

图 4.25　节点暂停时间对平均端对端延迟的影响

性能优于 AODV 协议。随着暂停时间的增加，节点的移动程度下降，网络拓扑变化程度逐渐减弱，目的节点接收数据分组的数量逐渐增加，因此两种协议的平均端对端延迟逐渐下降；AOMDV 协议采用多路径机制，可以减少路由重启过程中的延迟，因此延迟优于 AODV 协议。

节点暂停时间对吞吐率的影响如图 4.26 所示。可以看出，随着暂停时间的增加，两种协议的吞吐率逐渐增加，AOMDV 协议的吞吐率优于 AODV 协议。随着暂停时间的增加，节点的移动程度下降，网络拓扑变化程度逐渐减弱，目的节点接收数据分组的数量逐渐增加，因此两种协议的吞吐率逐渐增加；AOMDV 协议采用多路径机制，可以减少链路断开导致的数据包丢失，因此吞吐率优于 AODV 协议。同理，可以解释图 4.27 中节点暂停时间对分组投递率的影响。

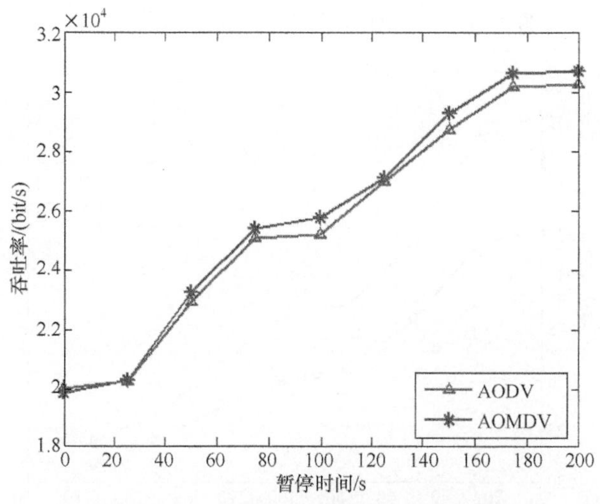

图 4.26　节点暂停时间对吞吐率的影响

节点暂停时间对路由开销的影响如图 4.28 所示。可以看出，随着暂停时间的增加，两种协议的路由开销逐渐减少，AOMDV 协议的路由开销优于 AODV 协议。随着暂停时间的增加，节点的移动程度下降，网络拓扑变化程度逐渐减弱，目的节点接收数据分组的数量逐渐增加，因此两种协议的路由开销逐渐减少；AOMDV 协议采用多路径机制，可以减少重启路由发现过程中的控制分组，因此路由开销优于 AODV 协议。同理，可以解释图 4.29

节点暂停时间对 MAC 开销的影响。

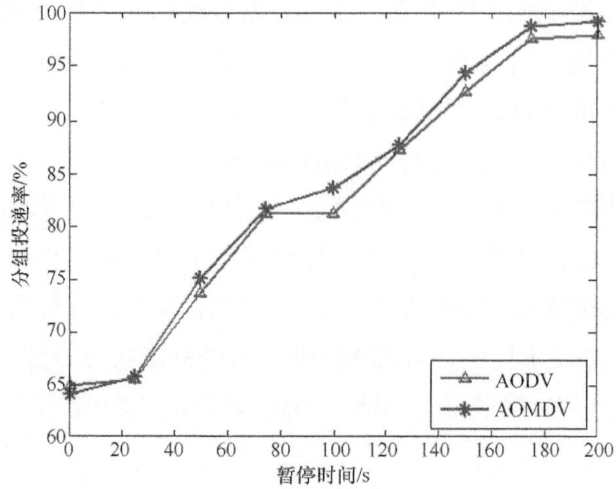

图 4.27　节点暂停时间对分组投递率的影响

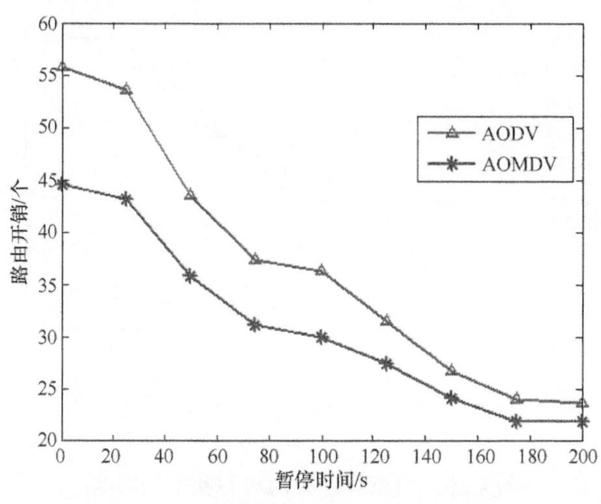

图 4.28　节点暂停时间对路由开销的影响

节点暂停时间对网络生命周期的影响如图 4.30 所示。可以看出，随着暂停时间的增加，两种协议的网络生命周期逐渐增加，两种协议的网络生命周期交替占优，整体相当。随着暂停时间的增加，节点的移动程度下降，链路断开的次数逐渐减少，节点重启路由过程发送和接收分组的次数逐渐减少，消耗的能量逐渐减少，因此两种协议的网络生命周期逐渐增加；网络中

第一个节点能量耗尽的时间有不确定因素，因此两种协议的网络生命周期呈现出交替占优，整体相当的特点。

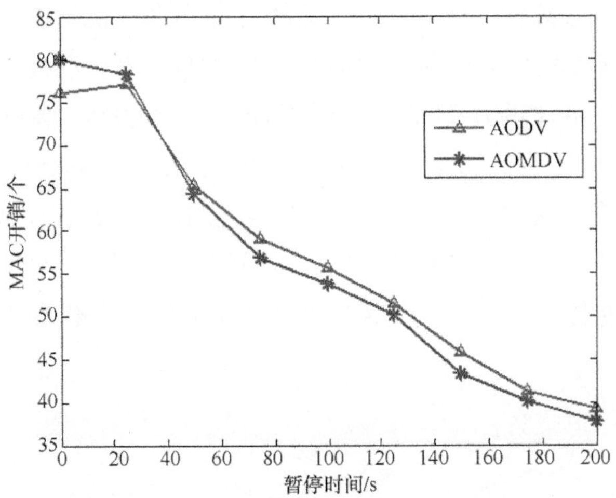

图 4.29　节点暂停时间对 MAC 开销的影响

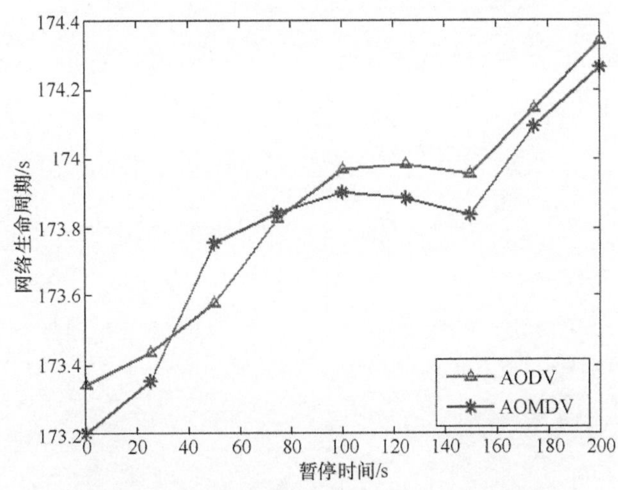

图 4.30　节点暂停时间对网络生命周期的影响

4.3.4　总结

对于高动态拓扑的三维 FANETs 而言，从数学的角度证明一种协议比另一种协议性能好是非常困难的，采用实验的方式构建三维高动态拓扑

FANETs 困难且费用昂贵，因此仿真就成了验证协议性能的有效手段之一。本章将经典的 AODV 协议和 AOMDV 协议应用到三维 FANETs，通过五组仿真分别验证节点数量、网络负载、无线传输半径、初始能量和暂停时间对协议性能的影响。从仿真结果可以看出，AOMDV 协议的性能在多数情况下是优于 AODV 协议的，但是有些仿真场景下 AODV 协议的性能要好于 AOMDV 协议。这也充分说明，协议之间的比较优势是有条件限制的。AOMDV 协议是在 AODV 协议的基础上实现的，NS-2 中有这两个协议的源代码，读者可以参考 AOMDV 协议的实现过程，写出自己的新协议。此外，本章给出详细的仿真结果，为 NS-2 仿真结果的描述提供参考借鉴。

第 5 章　NS-2 仿真三维水声传感器网络路由协议

5.1　引　　言

海洋覆盖地球表面积的 70%，蕴含着丰富的资源，开发利用海洋资源已经成了人类共同的目标。作为支撑智慧海洋的关键技术，水下物联网(internet of underwater things, IoUT)[84]在地面物联网[79,85]的启发下于 2010 年被提出。IoUT 是由能够监测水下区域的多个水下物体智能互联组成的全球网络，可用于海岸线监测、污染监测、军事防御、海洋资源勘探、灾害预防、辅助导航等多种应用[86-88]。水声传感器网络(underwater acoustic sensor networks, UASNs)是实现 IoUT 的关键技术，由多个自组织的水下传感器节点组成[89]。在水下环境中，无线电磁波衰减巨大，即便几米内短距离的传输，也需要大天线和高传输功率；光波面临严重的散射问题。相比电磁波和光波，声波更适合水下通信，因为声波能够在水下传播几百甚至数千千米的距离。尽管如此，声波在水声信道中传播存在时延大、衰减大、多径效应、多普勒效应、带宽低和能耗高等问题[90-95]。因此，采用电磁波作为传输媒介的地面 Ad Hoc 网络和 FANETs 网络的路由协议不适用于 UASNs，需要为 UASNs 设置专门的路由协议。

本章提出一种三维 UASNs 的自适应地理位置的路由协议 (Adaptive-Location-based Routing Protocol，ALRP)[96]。ALRP 提出一种新的方法来定义转发区域，并自适应调节转发概率和转发延迟，从而提高三维 UASNs 的网络性能。其主要贡献体现在以下方面。

① ALRP 提出一个新的转发区域定义，用来确定网络中的节点是否参与转发分组。ALRP 将平面作为转发区域和非转发区域的边界，只有位于平面之上的节点，才有资格参与转发分组。通过设计转发区域，ALRP 倾向于让距离目的节点较近的节点参与转发分组，减少不必要的转发，从而提高转发效率。

② ALRP 通过设计新的计算转发概率的方案，自适应地计算转发区域内节点转发分组的概率。ALRP 结合当前节点到转发区域和非转发区域分界平面的距离，以及节点到上一跳节点的距离，自适应计算转发分组的概率，使更靠近目的节点的节点拥有较高的转发概率，减少广播过程中产生的冲突和冗余转发，提高转发效率。

③ ALRP 提出一种新的计算转发时延的方案，自适应地计算转发区域内节点转发分组的延迟时间。ALRP 结合节点的通信半径、与分界面的距离、与上一跳节点的距离和声波在水中传播速度四种因素设计转发延迟，确定转发区域内节点转发分组的顺序，使靠近目的节点的节点优先转发分组，从而提高转发分组的效率。

5.2 相关研究

UASNs 广阔的应用前景吸引了世界众多研究机构和科研人员的关注。国外麻省理工学院、加利福尼亚大学、康涅狄格大学、亚特兰大大学和阿拉巴马大学等单位开展了 UASNs 相关领域的研究。国内哈尔滨工程大学、西北工业大学、中国海洋大学、厦门大学、浙江大学、武汉大学、华中科技大学、海军工程大学和火箭军工程大学等单位也相继开展了 UASNs 相关领域的研究工作，涌现出一些有价值的科研成果。

路由问题是传感器网络的基本问题之一。路由协议的作用是发现路由和维护路由[97]。现有的地面移动 Ad Hoc 网络路由协议一般包括主动式路由协议和按需路由协议。主动式路由协议需要大量的开销建立端到端的路由，尤其是在每次拓扑变化时都需要维护全网络的路由[98]。按需路由协议尽管不需要维护全网络的路由，但是在路由发现过程中，需要发送路由控制分组建立路由，导致严重的延迟[99]。传统的 Ad Hoc 网络路由协议是在二维空间运行，并且采用无线电磁波作为通信媒介，不适用于三维 UASNs。作为 Ad Hoc 网络的一个新分支，FANETs[59,64,68,69]路由协议尽管适用于三维空间，但其仍然应用无线电磁波作为通信媒介，并不适合 UASNs，因此需要为三维 UASNs 设置专用的路由协议。

三维 UASNs 路由协议可以分为位置无关的路由协议和基于地理位置的路由协议[90]。位置无关的 UASNs 路由协议依靠信标或者压力传感器获取节点的深度信息，然后利用节点的深度信息转发分组。基于地理位置的 UASNs 路由协议，假设节点知道自己的地理位置信息、目的节点的地理位置信息，在路由过程中充分利用地理位置信息。

位置无关的 UASNs 依据节点在水下深度信息的获取方式分为基于深度的 UASNs 路由协议和基于压力的 UASNs 路由协议。DBR(depth-based routing)协议是一种典型的基于深度的 UASNs 路由协议[100]，通过应用压力传感器获取深度信息，然后贪婪地将接收到的数据分组转发给深度较浅的节点，直到数据分组到达水面上的汇聚节点。DBR 协议的不足是当出现路由空洞时，无法找到符合条件的下一跳节点。为了解决 DBR 协议的路由空洞问题和迂回转发问题，文献[101]提出一种 UASNs 距离矢量机会路由(distance-vector based opportunistic routing，DVOR)。DVOR 利用查询机制为每个水下节点建立指向目的节点的距离向量，记录到目的节点的最小跳数值，然后利用机会路由依据距离矢量调整分组的转发。为了降低稀疏 UASNs 网络中出现空洞的概率，文献[102]提出一种深度加权转发区域划分的 DBR (weighting depth and forwarding area division DBR，WDFAD-DBR)。WDFAD-DBR 综合考虑当前节点深度和期望下一跳的深度选择下一跳转发节点，可以显著减少路由过程中遇到空洞的概率。此外，WDFAD-DBR 采用转发区域划分和邻居节点预测的方式减少能量消耗。基于压力的路由协议是 UASNs 位置无关路由协议的重要分支。文献[103]提出一种基于压力的 UASNs 路由协议 HydroCast。HydroCast 采用任播的方式，利用测量到的压力值将数据分组转发给海面的浮标节点。它通过选择最大化贪婪进程的节点集合参与转发，可以提高转发节点集合选择的效率，限制信道干扰。为了减少遇到路由空洞的概率，文献[104]提出一种空洞感知压力路由 (void-aware pressure routing，VAPR) 协议。VAPR 协议根据压力计提供的深度信息，将数据包发送给水面上的浮标节点。它周期性地发送信标信息来探测路由空洞节点，然后改变转发方向恢复路由，即使存在路由空洞，VAPR 协议也能通过机会性的方向转发高效地执行路由。

位置无关的 UASNs 路由协议在进行局部路由决策时，无法利用网络拓扑信息[97]。为了克服这个不足，基于位置的 UASNs 路由协议假设每个节点知道自己的地理位置信息。因此，每一个节点都有一个完整的网络拓扑视图，通过该视图可以有效地路由数据分组。文献[105]提出 UASNs 基于向量的转发 (vector-based forwarding，VBF)协议。它使用源节点、汇聚节点和中间节点的地理位置信息，建立源节点和汇聚节点之间的“路由管道”。只有管道中的节点才有资格参与数据分组的转发，数据分组通过管道实现从源节点转发到汇聚节点。通过这种方式，VBF 协议不仅能减少网络负载，还能有效控制数据转发范围。VBF 协议能有效地实现数据传输的鲁棒性、高效节能和高成功率。尽管如此，VBF 协议的性能受到路由管道的半径的影响，尤其在稀疏的网络环境中，如果存在路由空洞，VBF 协议可能无法找到转发节点。为了提高 VBF 协议的鲁棒性，文献[106]提出一种增强版的 VBF 协议，称为逐跳矢量转发(hop-by-hop vector-based forwarding，HH-VBF) 协议。与 VBF 协议不同，HH-VBF 协议并非使用从源节点到汇聚节点的单个路由管道，而是为每一个中间转发节点定义路由管道。这样每个中间转发节点就可以根据其自身的地理位置和汇聚节点的地理位置来确定路由管道。HH-VBF 协议的在分组传输中的性能明显优于 VBF 协议，特别是在网络节点稀疏区域。尽管如此，路由管道的半径仍然影响其性能。为了减少恒定的路由管道半径对 HH-VBF 协议和 VBF 协议性能的影响，文献[107]提出自适应逐跳矢量转发路由 (adaptive hop-by-hop vector-based forwarding，AHH-VBF) 协议。AHH-VBF 协议通过自适应地改变路由管道的半径，限制网络中的节点参与转发，从而有效地保证网络稀疏情况下的传输可靠性，减少网络密集情况下的重复数据分组。上述基于地理位置的路由协议性能受路由管道的半径的影响，最佳的路由管道半径因网络场景不同而不同，需要对所有可能的场景下进行仿真获得。因此，确定路由管道半径的最优值是不切实际的。

为了进一步提升三维 UASNs 的转发效率，本章提出一种三维 UASNs 的 ALRP。ALRP 采用定义新的转发区域、自适应调节转发概率和转发延迟的方式，提高三维 UASNs 的网络性能。仿真结果证明了 ALRP 的有效性和可行性。

5.3　三维 UWANs 自适应地理位置路由协议

5.3.1　自适应地理位置路由协议原理

下面详细阐述 ALRP 的原理。首先介绍 ALRP 的网络架构和网络模型，然后介绍 ALRP 的转发区域定义、转发概率计算和延迟计算，最后介绍 ALRP 的流程。

1. 网络架构

ALRP 采用的网络架构如图 5.1 所示。图中的黑点代表水下传感器节点，球代表它们的通信范围。三维 UASNs 网络有一个源节点、一个目的节点和若干中间节点。源节点在水底，目的节点在水面，它们的实际有效的通信范围为半球。水下的源节点从环境中感知数据，并通过中间节点逐跳转发给目的节点。目的节点携带水声通信模块和无线电通信模块。水声通信模块用于水下通信。无线电通信模块负责与卫星、UAV 或者陆地设施进行通信。源节点从海底收集信息，并将信息数据发送给邻居节点。中间水下节点收到信息后，将信息逐跳转发给目的节点。目的节点接收到数据后，使用无线电波将信息发送给卫星、UAV 或者陆地设施。

2. 网络模型

网络模型如图 5.2 所示。D 代表目的节点，它的地理位置为(x_D,y_D,z_D)。I 和 Q 分别是当前节点和当前节点的下一跳节点，它们的地理位置分别为(x_I,y_I,z_I)和(x_Q,y_Q,z_Q)。平面 $PL\text{-}I$ 垂直于 ID，并且经过 I。QW 垂直于平面 $PL\text{-}I$，与平面 $PL\text{-}I$ 相交于 W。d 代表点 Q 和 I 之间的距离。d' 代表点 Q 和平面 $PL\text{-}I$ 的距离。R 代表节点的通信半径。

3. ALRP 的转发区域

如图 5.2 所示，ID 的方向矢量为

$$n=(x_D-x_I,y_D-y_I,z_D-z_I) \tag{5.1}$$

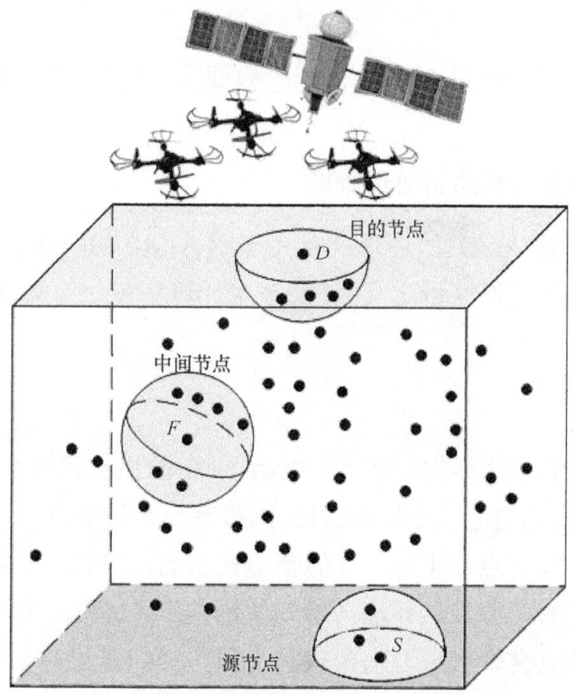

图 5.1　网络架构

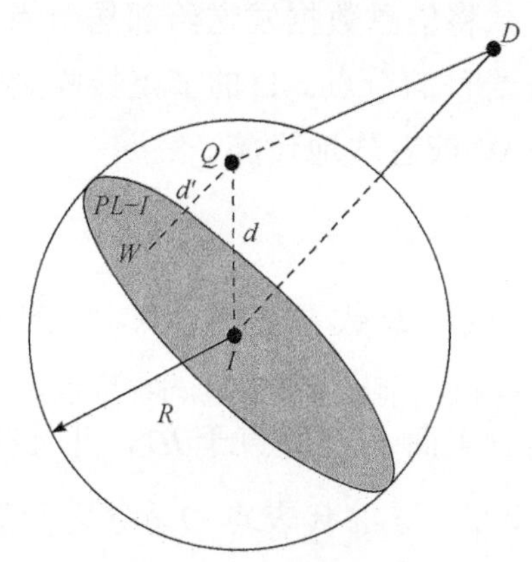

图 5.2　网络模型

n 也是平面 $PL\text{-}I$ 的法向量，可得

$$(x_D - x_I)(x - x_I)+(y_D - y_I)(y - y_I)+(z_D - z_I)(z - z_I)=0 \tag{5.2}$$

ALRP 将平面 $PL\text{-}I$ 定义为转发区域和非转发区域的分界平面，只有在该

平面之上的节点才有资格参与分组的转发。

节点 Q 在平面 $PL\text{-}I$ 之上，可以表述为

$$(x_D - x_I)(x_Q - x_I)+(y_D - y_I)(y_Q - y_I)+(z_D - z_I)(z_Q - z_I) > 0 \tag{5.3}$$

点 Q 和 I 之间的距离 d 为

$$d = \sqrt{(x_Q - x_I)^2 + (y_Q - y_I)^2 + (z_Q - z_I)^2} \tag{5.4}$$

转发区域可以表示为

$$(x_Q, y_Q) \in \left\{ \begin{array}{l} (x_D - x_I)(x_Q - x_I)+(y_D - y_I)(y_Q - y_I)+(z_D - z_I)(z_Q - z_I) > 0 \\ 0 < \sqrt{(x_Q - x_I)^2 + (y_Q - y_I)^2 + (z_Q - z_I)^2} \leqslant R \end{array} \right\} \tag{5.5}$$

当节点接收到分组时，首先判断自己是否在上一跳邻居节点的转发区域，如果在转发区域，该节点就拥有转发分组的资格；否则，丢弃分组。通过这种方式，ALRP 可以减少不必要的转发，提高转发效率。

4. ALRP 转发概率的计算

点 Q 和平面 $PL\text{-}I$ 的距离 d' 为

$$d' = \frac{\left|(x_D - x_I)(x_Q - x_I)+(y_D - y_I)(y_Q - y_I)+(z_D - z_I)(z_Q - z_I)\right|}{\sqrt{(x_D - x_I)^2 + (y_D - y_I)^2 + (z_D - z_I)^2}} \tag{5.6}$$

转发概率为

$$P = \frac{k - 1 + \dfrac{d'}{d}}{k} = \frac{kd + d' - d}{kd} \tag{5.7}$$

其中，$k=1,2,\cdots,10$。

从式(5.7)可以看出，节点可以自适应调节转发概率。当节点 Q 在 ID 上时，$d'=d$，转发概率取得最大值 $P=1$；当节点 Q 无限接近平面 $PL\text{-}I$ 时，$d' \to 0$，转发概率取得最小值 $P \to (k-1)/k$。因此，$(k-1)/k < P \leqslant 1$。

5. ALRP 转发延迟的计算

当节点接收到分组时，节点根据自己的地理位置信息，确定自己是不是在上一跳节点的转发区域。如果在转发区域，转发延迟为

$$T=\sqrt{(1-\frac{d'}{d})+(\frac{R-d'}{R})T_{\text{delay}}+2(\frac{R-d}{v})} \tag{5.8}$$

其中，T_{delay} 为预先设定的延迟的最大值；v 为声信号在水中的传播速度。

当节点 Q 在 ID 上，并且 $d'=d=R$ 时，最小延迟为 0；当节点 Q 在 ID 上，并且无限接近平面 $PL\text{-}I$ 时，$d'\to 0$，$d\to 0$，最大延迟为 $T=\sqrt{2}T_{\text{delay}}+2\frac{R}{v}$。因此，$0\leqslant T<\sqrt{2}T_{\text{delay}}+2\frac{R}{v}$。

6. ALRP 的流程

在 ALRP 中，分组中携带目的节点和上一跳转发者的地理位置信息。假设节点 n_i 首次接收到来自节点 n_j 的分组，节点 n_j 为源节点或者是转发节点。分组中携带目的节点 D 和转发节点 n_j 的地理位置信息。如果 n_i 不是目的节点且在 n_j 的转发区域内，n_i 根据式(5.7)计算转发概率 P，根据式(5.8)计算转发延迟 T。然后，n_i 以转发概率 P 和转发延迟 T 广播分组；否则，n_i 丢弃分组。ALRP 转发函数流程如表 5.1 所示。

表 5.1　ALRP 转发函数流程

程序内容
ALRP forwarding ()
Definitions:
n_i: Intermediate node
n_j: Last hop node of n_i
$FA(n_j)$: Forwarding area of n_j
P: Forwarding probability
T: Forwarding delay
RN: A random number between [0, 1)
If n_i receives a packet form n_j for the first time
If n_i is not the destination node

续表

程序内容
If $n_i \in FA(n_j)$
n_i calculates P by (7)
Generating the RN
If $RN \leqslant P$
n_i calculates T by (8)
n_i forwards the packet with P and T
Else
n_i discards the packet
Else
n_i discards the packet
Else
n_i receives the packet as the destination

5.3.2　仿真参数

为了评估 ALRP 相对于 VBF 协议、HH-VBF 协议、FLOODING 协议和 FP-FLOODING 协议的性能，我们使用 Aqua-sim[108]实现 ALRP 并开展仿真工作。Aqua-sim 是康涅狄格大学开发的 UASNs 网络仿真软件，基于 NS-2 实现，使用方法与 NS-2 一致[4]。在仿真过程中，节点均匀分布在网络场景的三维空间内。网络场景中有一个源节点和一个目的节点。节点感知模式、接收模式和空闲模式的能量消耗分别为 2W、0.75W 和 8mW。仿真时间是 500s，节点的传输半径是 100m。VBF 协议和 HH-VBF 协议的路由管道半径为 80m。设置 FP-FLOODING 协议的转发概率为 0.9。仿真结果均为不同随机数情况下 30 次仿真的平均值。表 5.2 中给出了五组仿真的公共参数。

表 5.2 仿真的公共参数

参数名称	数值
仿真协议	ALRP、HH-VBF、VBF、FLOODING、FP-FLOODING
仿真时间	500s
节点传输半径	100m
队列长度	50
传播模型	Underwater Propagation
天线	Omni Antenna
信道	Underwater Channel
传输功率	2.0W
接收功率	0.75W
空闲功率	0.008W
节点最小移动速度	0.2m/s
k	7
T_{delay}	1s
v	1500m/s

5.3.3 仿真结果

为了验证协议的性能，使用五种评价指标，即接收分组数量（目的节点成功接收到的分组的总数量）、分组投递率（目的节点成功接收到的分组数量与源节点发送分组数量的比值）、平均端对端延迟（总延迟除以接收分组数量）、平均能量消耗（总能量消耗除以接收分组数量）、平均冲突（总冲突数量除以接收分组数量）。

1. 验证节点数量对协议性能的影响

改变网络中节点的数量，可以得到性能随节点数量变化的情况。网络场景空间为 800m×800m×800m，网络中移动节点数量分别为 800，900，…，1600。节点的最大移动速度是 3m/s，最小移动速度是 0.2m/s。源节点的初始位置为(100, 300, 0)，发送分组的时间间隔为 10s。目的节点的位置固定在(400, 400, 800)。节点的初始能量为 1000J。仿真结果如表 5.3～表 5.7 所示。

表 5.3　节点数量变化情况下 ALRP 的仿真结果

节点数量/个	接收分组数量/个	分组投递率/%	端对端延迟/s	平均能量消耗/J	平均冲突/个
800	37.533	75.067	7.0833	189.41	323.76
900	39.833	79.667	6.5836	210.5	430.3
1000	43.1	86.2	6.1903	225.38	515.73
1100	44.5	89	6.0562	244.46	613.79
1200	46.733	93.467	5.8649	261.81	726.92
1300	47.9	95.8	5.6749	283.34	839.46
1400	49.033	98.067	5.5666	304.13	948.94
1500	48.467	96.933	5.4917	330.78	1083.5
1600	49.4	98.8	5.3879	354.7	1243.3

表 5.4　节点数量变化情况下 HH-VBF 协议的仿真结果

节点数量/个	接收分组数量/个	分组投递率/%	端对端延迟/s	平均能量消耗/J	平均冲突/个
800	26.3	52.6	11.075	192.86	75.266
900	29.633	59.267	10.756	193.61	82.384
1000	38.4	76.8	10.191	170.64	90.872
1100	39.167	78.333	10.012	183.72	103.3
1200	40.933	81.867	9.6643	193.8	121.36
1300	42.333	84.667	9.6373	203.47	133.21
1400	45.9	91.8	9.2638	205.9	157.37
1500	46.567	93.133	9.0395	218.14	172.62
1600	47.533	95.067	8.9625	229.39	192.76

表 5.5　节点数量变化情况下 VBF 协议的仿真结果

节点数量/个	接收分组数量/个	分组投递率/%	端对端延迟/s	平均能量消耗/J	平均冲突/个
800	4.3	8.6	10.878	1076.8	121.97
900	6.4333	12.867	10.905	813.74	100.29
1000	6.2667	12.533	10.763	923.63	107.93
1100	6.3667	12.733	10.277	998.55	124.7
1200	11.633	23.267	10.019	601.42	95.147
1300	13.267	26.533	10.122	572.1	100.03
1400	13.733	27.467	9.8025	593.79	100.7
1500	12.033	24.067	9.7725	720.4	92.142
1600	13.7	27.4	9.588	677.67	104.04

表 5.6　节点数量变化情况下 FLOODING 协议的仿真结果

节点数量/个	接收分组数量/个	分组投递率/%	端对端延迟/s	平均能量消耗/J	平均冲突/个
800	36.3	72.6	1.349	405.15	8717.6
900	37.2	74.4	1.3366	461.3	10687
1000	40.333	80.667	1.3356	490.72	12063
1100	42	84	1.3265	543.39	14166
1200	44.033	88.067	1.3168	584.56	15938
1300	45.667	91.333	1.3233	629.72	18014
1400	46.9	93.8	1.3258	679.38	20154
1500	46.8	93.6	1.3132	741.76	22779
1600	47.4	94.8	1.3173	806.56	25645

表 5.7　节点数量变化情况下 FP-FLOODING 协议的仿真结果

节点数量/个	接收分组数量/个	分组投递率/%	端对端延迟/s	平均能量消耗/J	平均冲突/个
800	33.367	66.733	1.3874	403.86	8068.4
900	35.733	71.467	1.3761	448.01	9661.8
1000	39.7	79.4	1.3442	468.42	10762
1100	41.233	82.467	1.3425	520.45	12704
1200	43.833	87.667	1.3189	554.15	14238
1300	45	90	1.3179	598.06	16044
1400	46.467	92.933	1.3114	642.59	17943
1500	47.567	95.133	1.3036	695.23	20108
1600	46.9	93.8	1.3092	767.19	22927

节点数量对接收分组数量的影响如图 5.3 所示。可以看出，五种协议的性能随着节点数量的增加而增加。ALRP 的性能比 HH-VBF 协议、VBF 协议、FLOODING 协议、FP-FLOODING 协议分别提高 16%、429%、5%、7%。ALRP 采用转发区域策略，自适应调节转发概率和转发延迟，使距离目的节点相对近的中间节点优先转发分组，从而减少冲突数量，增加转发效率，因此增加目的节点接收分组的数量。同理，可以解释图 5.4 显示的分组投递率随节点数量变化的情况。

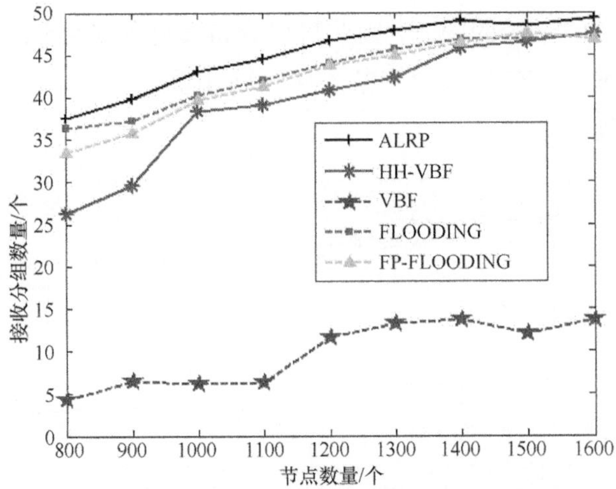

图 5.3　节点数量对接收分组数量的影响

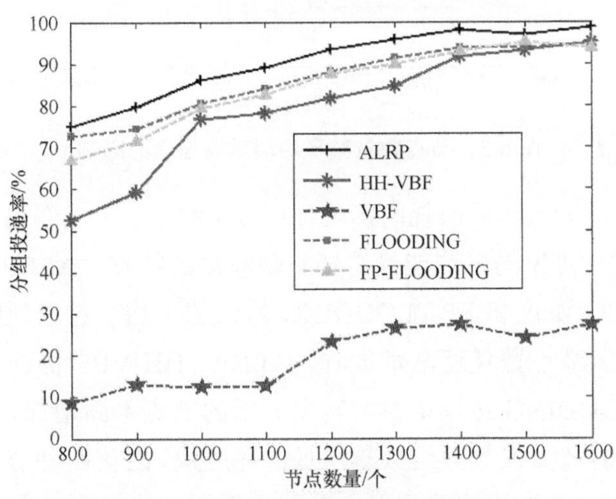

图 5.4　节点数量对分组投递率的影响

节点数量对平均端对端延迟的影响如图 5.5 所示。可以看出，随着节点数量的增加，五种协议的性能逐渐降低。ALRP 的性能比 HH-VBF 协议和 VBF 协议分别减少 39%和 42%，不如 FLOODING 协议和 FP-FLOODING 协议的性能。随着节点数量的增加，网络的连通度逐渐增加，目的节点接收的数据分组数量逐渐增加，因此五种协议的平均端对端延迟逐渐减少；ALRP 采用转发区域策略，并自适应调整转发概率和转发延迟，让靠近目的节点并且转发效率高的中间节点优先转发分组，不像 HH-VBF 协议和 VBF 协议那样受到路由管道的半径的限制，因此可以获得良好的延迟性能；FLOODING 协议和 FP-FLOODING 协议允许节点接收到非重复分组后立刻转发，因此可以获得最好的延迟性能。

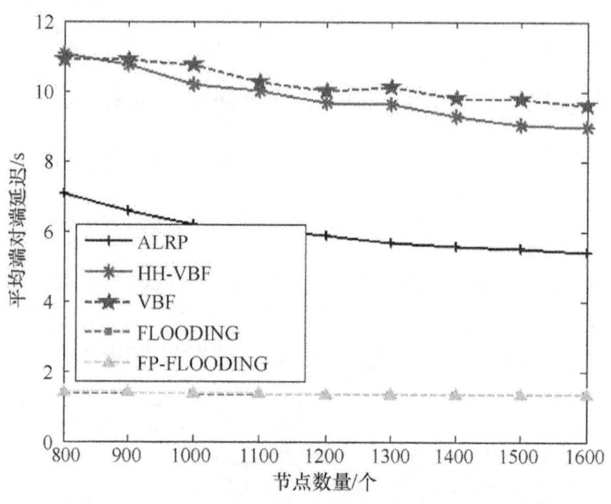

图 5.5　节点数量对平均端对端延迟的影响

节点数量对平均能量消耗的影响如图 5.6 所示。可以看出，随着节点数量的增加，VBF 协议的平均能量消耗呈现波动的特点，ALRP、HH-VBF 协议、FLOODING 协议和 FP-FLOODING 协议的平均能量消耗随节点数量的增加而增加。当节点数量逐渐增加时，ALRP、HH-VBF 协议、FLOODING 协议和 FP-FLOODING 协议中参与转发分组的节点不断增加，总能量消耗增加的速度比目的节点接收分组数量增加的速度快，因此四种协议的平均能量消耗逐渐增加；VBF 协议采用单一的路由管道，当节点数量增加时，参与转发分组的节点数量受路由管道限制，总能量消耗将呈现一定的不确定性，因此 VBF 协议的平均能量消耗呈现波动。ALRP 的性能分别比 VBF 协议、FLOODING 协议和 FP-FLOODING 协议少 63%、55%和 53%，但是其性能不如 HH-VBF 协议。ALRP 接收分组数量最优，目的节点接收到的分组数量最多，因此其平均能量消耗好于 VBF 协议、FLOODING 协议和 FP-FLOODING 协议；尽管 ALRP 的接收分组数量好于 HH-VBF 协议，但是 HH-VBF 协议的路由管道限制了节点参与转发分组，可以减少网络中总的能量消耗，因此平均能量消耗优于 ALRP。

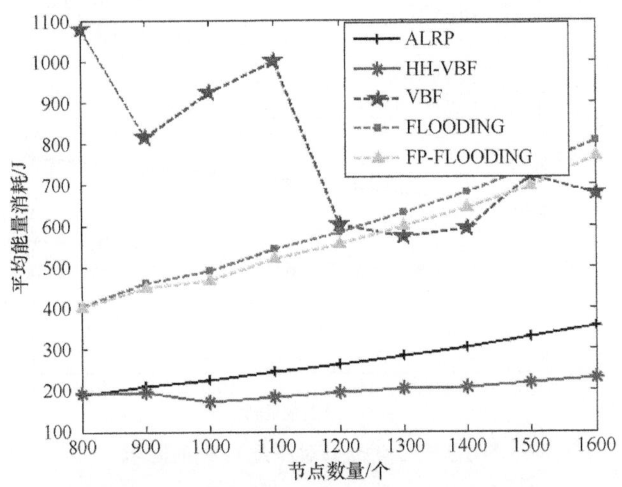

图 5.6 节点数量对平均能量消耗的影响

节点数量对平均冲突的影响如图 5.7 所示。可以看出，随着节点数量的增加，ALRP、HH-VBF 协议、FLOODING 协议和 FP-FLOODING 协议的平均冲突随节点数量的增加而增加，VBF 协议的平均冲突略微呈现波动。随着节点数量增加，ALRP、HH-VBF 协议、FLOODING 协议和 FP-FLOODING 协议参与转发分组的节点数量增加的速度比目的节点接收分组数量增加的速度快，因此四种协议的平均冲突数量逐渐增加。VBF 协议采用单一的路由管道，当节点数量逐渐增加时，参数转发分组的节点数量的增速与目的节点接收分组的增速呈现出波动趋势，因此其平均冲突数量呈现出波动。ALRP 的平均冲突数量优于 FLOODING 协议和 FP-FLOODING 协议，不如 HH-VBF 协议和 VBF 协议。相比 FLOODING 协议和 FP-FLOODING 协议，ALRP 采用转发区域策略，自适应调节转发概率和转发延迟，减少参与转发分组的节点数量，从而减少总的冲突数量，同时 ALRP 的接收分组数量比 FLOODING 协议和 FP-FLOODING 协议好，因此性能优于 FLOODING 协议和 FP-FLOODING 协议。相比 HH-VBF 协议和 VBF 协议，ALRP 尽管拥有更多的接收分组数量，但是其产生的总的冲突数量相对更高，因此 ALRP 的平均冲突数量不如 HH-VBF 协议和 VBF 协议。

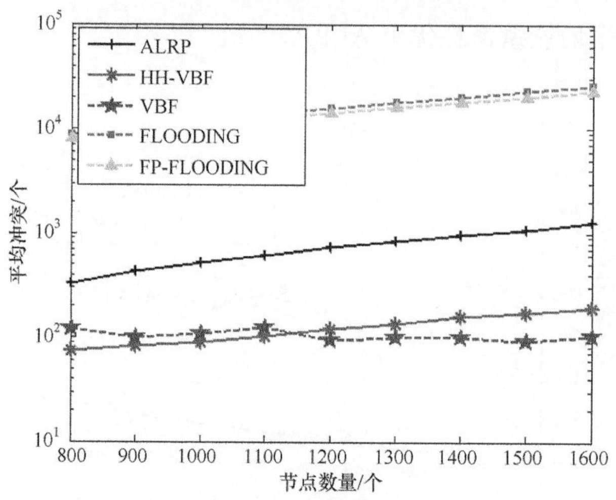

图 5.7　节点数量对平均冲突的影响

2. 验证节点最大速度对协议性能的影响

改变网络中节点的最大移动速度，可以得到性能随节点最大移动速度变化的情况。节点的最大移动速度在 2~20m/s 变化，最小移动速度为 0.2m/s。网络场景空间为 800m×800m×800m，网络中的节点数量为 1200 个，节点的初始能量为 1000J。源节点的初始位置为(100, 300, 0)，发送分组的时间间隔为 10s，目的节点的位置固定在(400, 400, 800)。仿真结果如表 5.8~表 5.12 所示。

表 5.8　节点最大移动速度变化情况下 ALRP 的仿真结果

节点最大速度/(m/s)	接收分组数量/个	分组投递率/%	端对端延迟/s	平均能量消耗/J	平均冲突/个
2	46.5667	93.1334	6.6705	215.01	314.01
4	46.6333	93.2666	6.9735	201.77	236.21
6	46.3	92.6	7.1771	198.6	210.23
8	47	94	7.1901	194.46	195.42
10	47.1	94.2	7.28	192.88	187.6
12	46.6	93.2	7.2939	193.03	183.23
14	47.3	94.6	7.276	191.32	182.85
16	45.9333	91.8666	7.2822	195.04	182.36
18	47.6	95.2	7.2827	190.93	183.63
20	46.9667	93.9334	7.2274	191.85	178.8

表 5.9　节点最大移动速度变化情况下 HH-VBF 协议的仿真结果

节点最大速度/(m/s)	接收分组数量/个	分组投递率/%	端对端延迟/s	平均能量消耗/J	平均冲突/个
2	41.7	83.4	9.496	193.44	135.37
4	42.4667	84.9334	9.7449	186.25	111.09
6	43.6	87.2	9.8296	179.93	97.68
8	40.5333	81.0666	10.105	190.49	94.481
10	41.5333	83.0666	9.9437	185.97	89.25
12	41.9333	83.8666	10.061	183.53	84.563
14	40.4333	80.8666	10.049	190.3	89.016
16	41.0667	82.1334	10.134	186.74	82.829
18	40.2	80.4	10.021	190.5	83.254
20	40.9	81.8	10.095	187.38	81.966

表 5.10　节点最大移动速度变化情况下 VBF 协议的仿真结果

节点最大速度/(m/s)	接收分组数量/个	分组投递率/%	端对端延迟/s	平均能量消耗/J	平均冲突/个
2	12.6333	25.2666	10.241	557.99	104.61
4	9.83333	19.66666	10.124	706	88.431
6	7.46667	14.93334	10.486	922.17	80.071
8	6.23333	12.46666	10.347	1100.6	80.706
10	6.3	12.6	10.318	1087.6	75.487
12	4.73333	9.46666	10.42	1440.8	71.458
14	3.9	7.8	10.355	1745.5	66.436
16	4.13333	8.26666	10.392	1647.8	73.637
18	5.13333	10.26666	10.631	1329	71.123
20	3.83333	7.66666	10.611	1775.2	69.252

表 5.11　节点最大移动速度变化情况下 FLOODING 协议的仿真结果

节点最大速度/(m/s)	接收分组数量/个	分组投递率/%	端对端延迟/s	平均能量消耗/J	平均冲突/个
2	43.2333	86.4666	1.2982	622.27	18176
4	44	88	1.3247	568.38	14887
6	43.5667	87.1334	1.3381	555.12	13864
8	45.7	91.4	1.3255	530	12914
10	44.5333	89.0666	1.3399	534.98	12817

续表

节点最大速度/(m/s)	接收分组数量/个	分组投递率/%	端对端延迟/s	平均能量消耗/J	平均冲突/个
12	46	92	1.3455	519.76	12358
14	44.9667	89.9334	1.3453	521.52	12201
16	44.9333	89.8666	1.3468	520.7	12128
18	45.0667	90.1334	1.3363	519.8	12064
20	44.4333	88.8666	1.349	522.8	12070

表 5.12　节点最大移动速度变化情况下 FP-FLOODING 协议的仿真结果

节点最大速度/(m/s)	接收分组数量/个	分组投递率/%	端对端延迟/s	平均能量消耗/J	平均冲突/个
2	42.2667	84.5334	1.322	594.28	16373
4	44.2333	88.4666	1.3345	535.19	13180
6	43.0333	86.0666	1.3423	524.64	12212
8	43.9333	87.8666	1.343	510.52	11601
10	45	90	1.3322	497.01	11120
12	44.0333	88.0666	1.3458	503.38	11113
14	43.2	86.4	1.3509	503.04	10930
16	43.7667	87.5334	1.3498	503.43	10960
18	43.4333	86.8666	1.3483	499.39	10772
20	45.2	90.4	1.3463	487.66	10523

节点最大速度对接收分组数量的影响如图 5.8 所示。可以看出，随着节点最大移动速度的逐渐增加，ALRP、HH-VBF 协议、FLOODING 协议和 FP-FLOODING 协议的性能基本保持平稳，VBF 协议的性能随着节点最大移动速度的增加而下降。ALRP、FLOODING 协议和 FP-FLOODING 协议是基于洪泛机制的协议，受节点最大移动速度影响较弱；HH-VBF 协议逐跳建立路由管道，受节点最大移动速度影响也是较弱的；VBF 协议采用从源节点到目的节点之间的单一的路由管道，受节点最大移动速度影响较大。ALRP 的性能分别比 HH-VBF 协议、VBF 协议、FLOODING 协议和 FP-FLOODING 协议高出 13%、743%、5%和 7%。原因在于，ALRP 采用的转发区域策略、自适应转发概率策略和自适应转发延迟策略，可以提高转发效率。同理，可以解释图 5.9 显示的节点最大速度对分组投递率的影响。

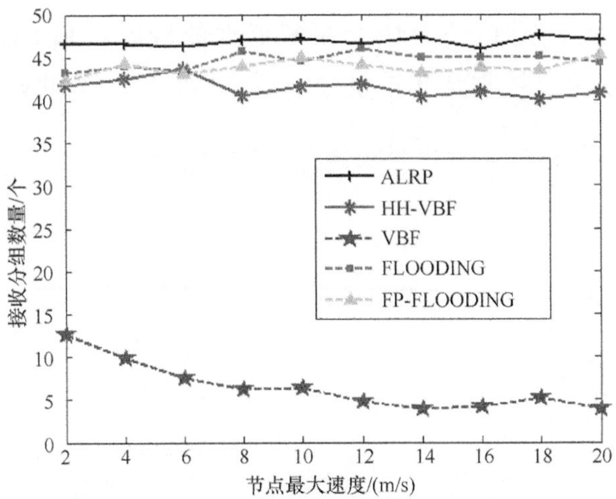

图 5.8　节点最大速度对接收分组数量的影响

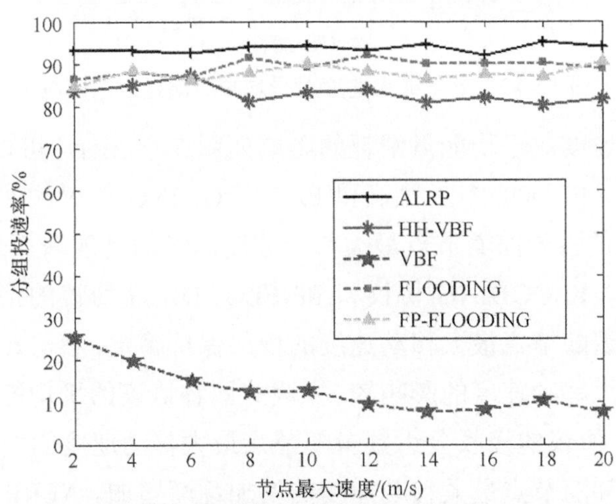

图 5.9　节点最大速度对分组投递率的影响

节点最大速度对平均端对端延迟的影响如图 5.10 所示。可以看出，五种协议的平均端对端延迟随着节点最大移动速度的变化，基本保持稳定。原因在于，五种协议分组从源节点到目的节点采用逐跳传输的方式，没有建立端对端的通信链路，受节点最大移动速度的影响较弱。ALRP 的平均端对端延迟性能分别比 HH-VBF 协议和 VBF 协议少 28%和 31%，不如 FLOODING 协议和 FP-FLOODING 协议。相比 HH-VBF 协议和 VBF 协议，ALRP 的接收分组数量较大，因此平均端对端延迟性能较好；FLOODING 协议和 FP-FLOODING 协议接收到非重复分组后立即转发，因此延迟性能占优。

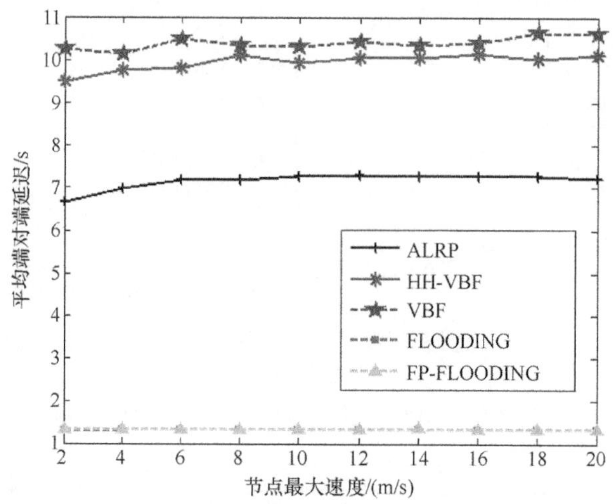

图 5.10　节点最大速度对平均端对端延迟的影响

节点最大速度对平均能量消耗的影响如图 5.11 所示。可以看出，ALRP、HH-VBF 协议、FLOODING 协议和 FP-FLOODING 协议的性能基本保持平稳，VBF 协议的性能随着节点最大移动速度的增加呈现增加趋势。ALRP、HH-VBF 协议、FLOODING 协议和 FP-FLOODING 协议的接收分组数量、平均端对端延迟随节点最大移动速度的增加保持稳定，参与转发分组的节点数量受节点最大移动速度的影响较弱，因此四种协议的平均能量消耗基本保持稳定。VBF 协议的接收分组数量随节点最大移动速度的增加而减少，因此平均能量消耗随节点最大移动速度的增加逐渐增加。ALRP 的平均能量消耗分别比 VBF 协议、FLOODING 协议和 FP-FLOODING 协议的少 81%、64% 和 62%，与 HH-VBF 协议的基本相当。相比 VBF 协议，ALRP 拥有更高的接收分组数量。相比 FLOODING 协议和 FP-FLOODING 协议，ALRP 不仅拥有更高的接收分组数量，还采用转发区域和转发概率策略减少参与转发的节点数量，因此可以减少平均能量消耗。相比 HH-VBF 协议，ALRP 拥有更高的接收分组数量，更多的节点参与转发分组产生更多的能量消耗，因此其平均能量消耗与 HH-VBF 协议相当。

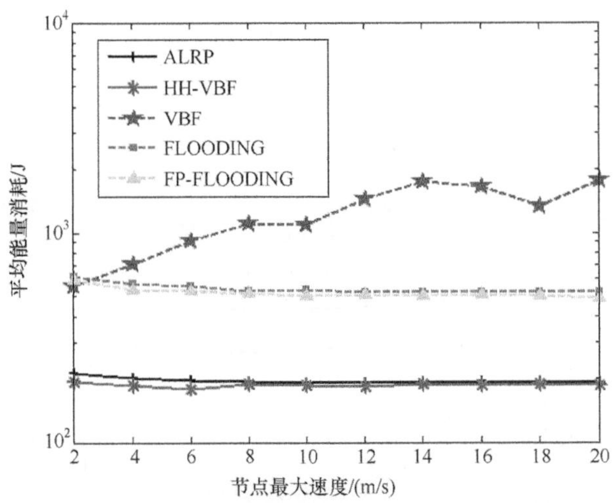

图 5.11　节点最大速度对平均能量消耗的影响

节点最大速度对平均冲突的影响如图 5.12 所示。可以看出，五种协议的性能基本保持平稳。原因在于，随着节点最大速度的变化，网络中节点的数量是不变的，参与转发分组的节点的数量并没有受到影响，因此五种协议的平均冲突数量保持平稳。ALRP 的平均冲突数量少于 FLOODING 协议和 FP-FLOODING 协议，多于 HH-VBF 协议和 VBF 协议。相比 FLOODING 协议和 FP-FLOODING 协议，ALRP 采用转发区域和自适应转发概率，可以减少参与转发节点的数量，增加目的节点接收分组数量，因此能获得更少的平均冲突。相比 HH-VBF 协议和 VBF 协议，ALRP 尽管拥有更好的接收分组数量，但是参与转发分组的节点数量更多，因此能获得更多的平均冲突。

3. 验证网络负载对协议性能的影响

改变网络中源节点发包间隔，可以得到性能随源节点发包间隔变化的情况。源节点的发包间隔在 5~50s 变化。节点的最大移动速度在 3m/s，节点的最小移动速度为 0.2m/s。网络场景空间为 800m×800m×800m，网络中的节点数量为 1200 个，节点的初始能量为 1000J。源节点的初始位置为(100, 300, 0)，目的节点的位置固定在(400, 400, 800)。仿真结果如表 5.13~表 5.17 所示。

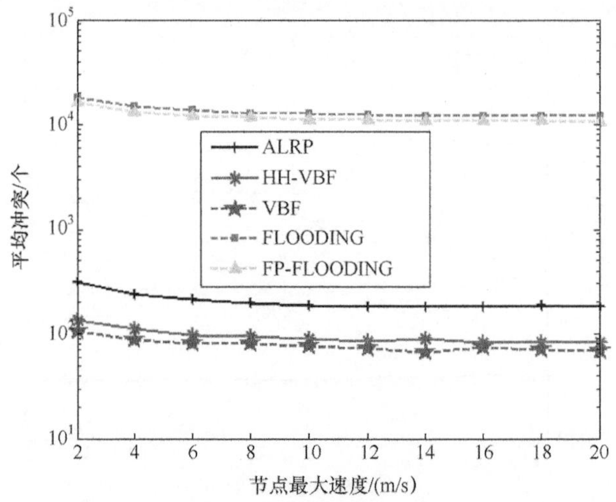

图 5.12　节点最大速度对平均冲突的影响

表 5.13　源节点发包间隔变化情况下 ALRP 的仿真结果

发包间隔/s	接收分组数量/个	分组投递率/%	端对端延迟/s	平均能量消耗/J	平均冲突/个
5	92.833	93.431	6.8959	134.09	265.84
10	45.367	91.6	6.8448	210.3	260.17
15	31.767	91.5	6.9061	272.88	260.52
20	22.9	90.392	7.0345	354.49	251.88
25	18.3	86.222	6.8166	430.6	269.71
30	15.367	88.462	6.9177	499.97	262.46
35	12.933	87.778	6.9187	585.02	271.68
40	11.5	87	6.9122	649.85	277.46
45	10.533	93.431	6.7669	704.54	283.06
50	8.7	91.6	7.1228	837.34	272.99

表 5.14　源节点发包间隔变化情况下 HH-VBF 协议的仿真结果

发包间隔/s	接收分组数量/个	分组投递率/%	端对端延迟/s	平均能量消耗/J	平均冲突/个
5	85.533	85.533	9.7431	107.04	116.64
10	41.133	82.267	9.7741	191.72	113.23
15	28.433	83.627	9.666	266.16	124.22
20	21.233	84.933	9.6832	345.56	118.58

续表

发包间隔/s	接收分组数量/个	分组投递率/%	端对端延迟/s	平均能量消耗/J	平均冲突/个
25	16.567	82.834	9.6958	435.71	125.16
30	13.6	80	9.8363	523.81	127.47
35	12.233	81.555	9.7971	579.09	125.06
40	10.167	78.205	9.8879	691.31	126.97
45	9.5	79.167	9.7344	738.57	131.38
50	8.3	83	9.7489	840.96	131.12

表 5.15　源节点发包间隔变化情况下 VBF 协议的仿真结果

发包间隔/s	接收分组数量/个	分组投递率/%	端对端延迟/s	平均能量消耗/J	平均冲突/个
5	15.167	15.167	10.084	470.49	114.27
10	9.8333	19.667	9.985	707.34	89.393
15	7.0667	20.784	10.158	974.61	85.783
20	4.3333	17.333	10.228	1577.4	105.09
25	4.5333	22.667	10.294	1507.8	97.559
30	3.1333	18.431	10.06	2174.1	116.78
35	2.9333	19.556	10.172	2319.6	124.68
40	2.6333	20.256	10.138	2579.1	105.08
45	1.7	14.167	10.356	3984.2	114.53
50	1.7333	17.333	10.506	3907.9	118.23

表 5.16　源节点发包间隔变化情况下 FLOODING 协议的仿真结果

发包间隔/s	接收分组数量/个	分组投递率/%	端对端延迟/s	平均能量消耗/J	平均冲突/个
5	87.533	87.533	1.3182	508.1	15950
10	44.267	88.533	1.2979	582.72	15964
15	30.333	89.216	1.3292	649.36	15826
20	22.367	89.467	1.3131	734.64	16110
25	17.167	85.834	1.3047	842.54	16645
30	14.6	85.882	1.3116	908.32	16590
35	12.633	84.222	1.3202	982.24	16655
40	10.733	82.564	1.3135	1089.3	17235
45	10.067	83.889	1.3098	1125.9	16901
50	8.4333	84.333	1.322	1255.9	17063

表 5.17　源节点发包间隔变化情况下 FP-FLOODING 协议的仿真结果

发包间隔/s	接收分组数量/个	分组投递率/%	端对端延迟/s	平均能量消耗/J	平均冲突/个
5	87.333	87.333	1.3245	473.82	14049
10	43.067	86.133	1.3172	557.61	14284
15	29.267	86.079	1.3221	631.26	14271
20	21.467	85.867	1.3346	717.4	14387
25	16.733	83.666	1.3268	818.79	14914
30	13.833	81.372	1.3207	910.73	15152
35	12.567	83.778	1.3238	950.84	14768
40	10.9	83.846	1.3213	1033.3	14851
45	9.9667	83.056	1.3368	1100	15156
50	8.2667	82.667	1.3621	1237.1	15269

仿真结果可视化如图 5.13~图 5.17 所示。

图 5.13 显示了五种协议的接收分组数量随源节点发包间隔变化的情况。可以看出，随着源节点发包间隔的逐渐增加，五种协议的接收分组数量呈现出下降趋势。随着源节点发包间隔逐渐增加，源节点发送的分组逐渐减少，因此目的节点接收到的分组数量逐渐减少。ALRP 的性能分别比 HH-VBF 协

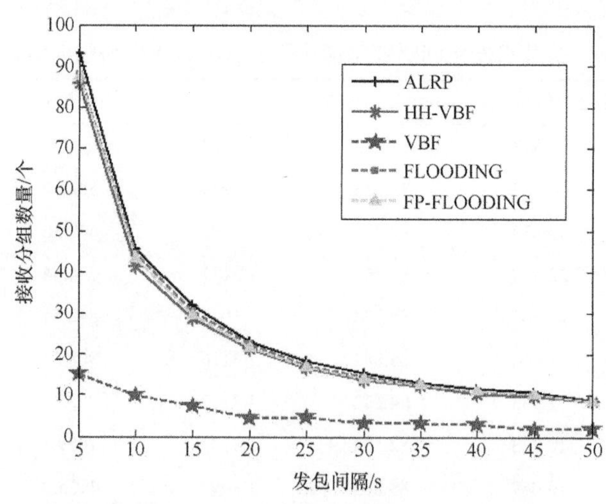

图 5.13　源节点发包间隔对接收分组数量的影响

议、VBF 协议、FLOODING 协议和 FP-FLOODING 协议高出 10%、394%、5%和 7%。原因在于，ALRP 采用的转发区域、自适应转发概率和自适应转发延迟三种策略可以提高转发效率，增加目的节点接收到的分组的数量。

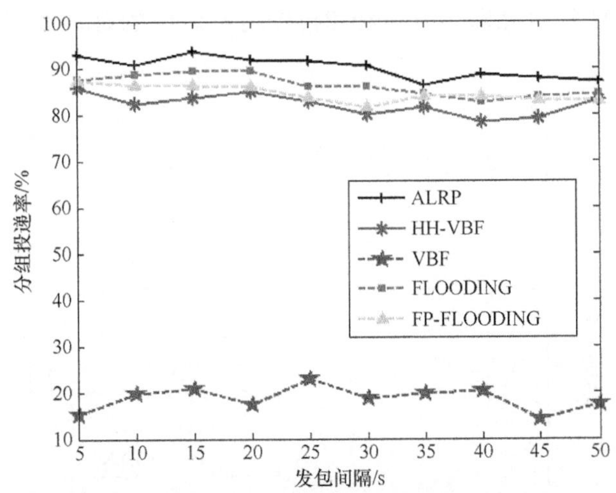

图 5.14　源节点发包间隔对分组投递率的影响

图 5.14 显示了五种协议的分组投递率随源节点发包间隔变化的情况。可以看出，随着源节点发包间隔的逐渐增加，五种协议的分组投递率基本保持平稳。原因在于，随着源节点发包间隔逐渐增加，源节点发送的分组逐渐减少，目的节点接收到的分组数量逐渐减少，两种减少的趋势相当。ALRP 的性能分别比 HH-VBF 协议、VBF 协议、FLOODING 协议和 FP-FLOODING 协议高出 10%、394%、5%和 7%。原因在于，ALRP 采用的转发区域、自适应转发概率和自适应转发延迟三种策略，可以提高转发效率，增加目的节点接收到的分组的数量。

图 5.15 显示了五种协议的平均端对端延迟随源节点发包间隔变化的情况。可以看出，随着源节点发包间隔的逐渐增减，五种协议的平均端对端延迟性能基本保持平稳。原因在于，源节点发包率逐渐增加，网络中的负载逐渐减少，到达目的节点的分组数量逐渐减少，总的延迟也逐渐减少，两者减少的速度相当，因此五种协议的平均端对端延迟基本保持平稳。ALRP 的平均端对端延迟性能分别比 HH-VBF 协议和 VBF 协议少 29%和 32%，不如

FLOODING 协议和 FP-FLOODING 协议。原因在于，相比 HH-VBF 协议和 VBF 协议，ALRP 拥有更好的接收分组数量，且让距离目的节点近的节点优先转发分组，改善了延迟性能；相比 FLOODING 协议和 FP-FLOODING 协议接收到非重复分组立即转发，ALRP 采用自适应的延迟策略，因此增加了平均端对端延迟。

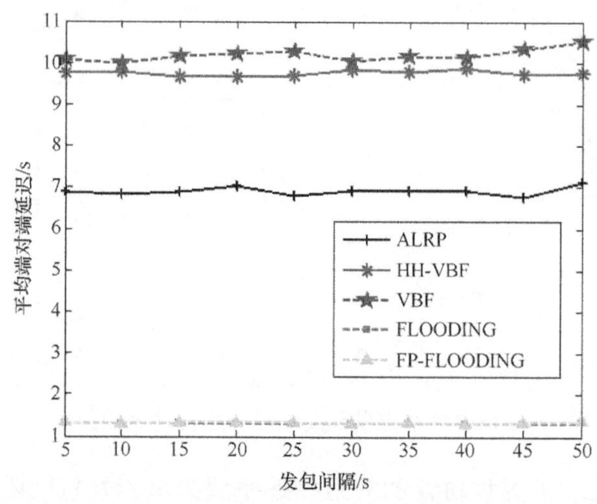

图 5.15　源节点发包间隔对平均端对端延迟的影响

图 5.16 显示了五种协议的平均能量消耗随源节点发包间隔变化的情况。可以看出，随着源节点发包间隔的逐渐增减，五种协议的平均能量消耗性能逐渐增加。源节点发包间隔逐渐增加，网络中的负载逐渐减少，总的能量消耗逐渐减少，到达目的节点的分组数量逐渐减少。前者减少的速度不及后者，因此五种协议的平均能量消耗逐渐增加。ALRP 的平均能量消耗分别比 VBF 协议、FLOODING 协议和 FP-FLOODING 协议少 75%、49%和 48%，与 HH-VBF 协议接近。相比 VBF 协议，ALRP 拥有更高的接收分组数量，因此平均能量消耗较低。相比 FLOODING 协议和 FP-FLOODING 协议，ALRP 采用转发区域和自适应转发概率策略，可以减少网络中参与转发分组的节点的数量，从而减少总的能量消耗，且 ALRP 拥有更高的接收分组数量，所以取得较少平均能量消耗；相比 HH-VBF 协议，ALRP 虽然拥有较高的接收分组数量，但是消耗的能量更多，因此两个协议的平均能量消耗相当。

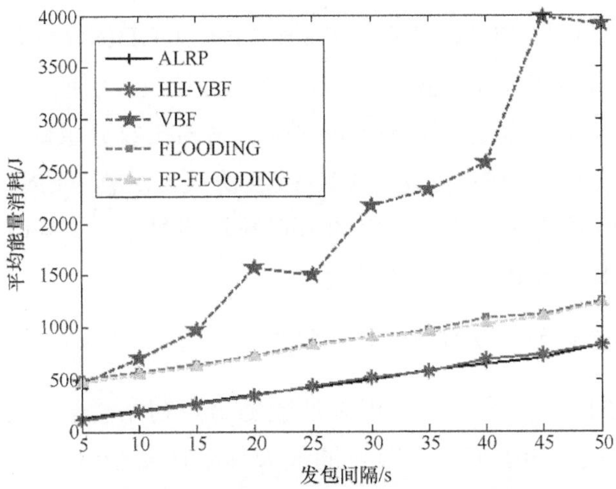

图 5.16　源节点发包间隔对平均能量消耗的影响

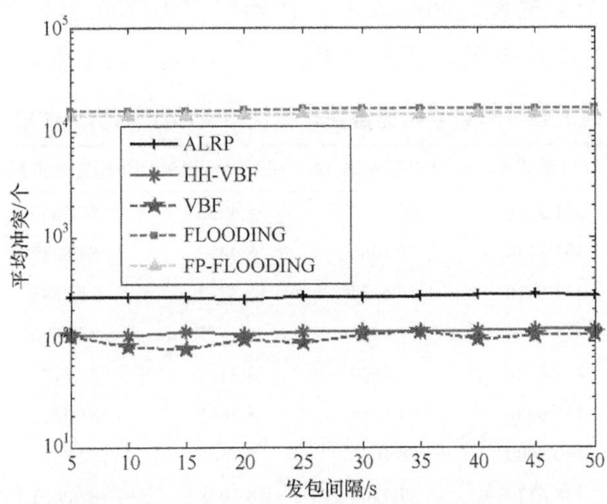

图 5.17　源节点发包间隔对平均冲突的影响

图 5.17 显示了五种协议的平均冲突性能随源节点发包间隔变化的情况。可以看出，随着源节点发包间隔的不断增加，五种协议的平均冲突数量基本保持平稳。随着源节点发包间隔的逐渐增加，源节点发送的分组数量逐渐减少，网络中产生的总的冲突数量逐渐减少，目的节点接收分组的数量也逐渐减少，两者减少的程度相当，因此五种协议的平均冲突基本保持稳定。ALRP 的平均冲突少于 FLOODING 协议和 FP-FLOODING 协议，不如 VBF 协议和

HH-VBF 协议。相比 FLOODING 协议和 FP-FLOODING 协议，ALRP 采用的转发区域策略和转发概率策略可以减少参与转发分组的节点的数量，从而减少总的冲突发生的数量，且 ALRP 拥有更高的接收分组数量，因此具有更少的平均冲突。相比 VBF 协议和 HH-VBF 协议，尽管 ALRP 拥有更高的接收分组数量，但是其参与转发分组的节点数量明显增加，从而明显增加总的冲突数量，因此具有较多的平均冲突。

4. 验证节点初始能量对协议性能的影响

改变节点的初始能量，可以得到性能随节点初始能量变化的情况。节点的初始能量在 60~150J 变化。节点的最大移动速度在 3m/s，节点的最小移动速度为 0.2m/s。网络场景空间为 800m×800m×800m，网络中的节点数量为 1200 个。源节点的发包间隔为 1s，初始位置为(100, 300, 0)，目的节点的位置固定在(400, 400, 800)。仿真结果如表 5.18~表 5.22 所示。

表 5.18　节点初始能量变化情况下 ALRP 的仿真结果

节点初始能量/J	接收分组数量/个	分组投递率/%	端对端延迟/s	平均能量消耗/J	平均冲突/个
60	331.2670	66.2534	8.4935	87.0663	716.2863
70	395.8330	79.1666	8.4412	84.8287	725.2655
80	433.0670	86.6134	8.3732	81.2648	700.5891
90	439.1330	87.8266	8.3977	82.2990	718.8574
100	437.4000	87.4800	8.3186	82.5171	712.8235
110	435.6330	87.1266	8.3086	81.4302	699.0678
120	440.8000	88.1600	8.2580	82.8684	726.7582
130	438.6330	87.7266	8.3038	87.0663	732.0197
140	428.0000	85.6000	8.3914	84.8287	701.2220
150	437.0670	87.4134	8.3243	81.2648	737.3080

表 5.19　节点初始能量变化情况下 HH-VBF 协议的仿真结果

节点初始能量/J	接收分组数量/个	分组投递率/%	端对端延迟/s	平均能量消耗/J	平均冲突/个
60	334.9670	66.9934	10.6748	56.4411	326.3127
70	357.1000	71.4200	10.7978	51.9779	284.0913
80	404.6330	80.9266	10.7205	50.3323	293.4981

续表

节点初始能量/J	接收分组数量/个	分组投递率/%	端对端延迟/s	平均能量消耗/J	平均冲突/个
90	379.7670	75.9534	10.7584	52.4145	304.2313
100	381.7000	76.3400	10.7937	51.4111	294.5166
110	388.5000	77.7000	10.7858	50.3820	283.9408
120	393.8670	78.7734	10.6840	50.9106	294.6731
130	365.4330	73.0866	10.8144	51.7110	290.6114
140	393.6000	78.7200	10.7502	51.9736	308.2597
150	365.2670	73.0534	10.8807	51.2970	280.1759

表 5.20　节点初始能量变化情况下 VBF 协议的仿真结果

节点初始能量/J	接收分组数量/个	分组投递率/%	端对端延迟/s	平均能量消耗/J	平均冲突/个
60	92.3333	18.4667	11.2062	102.0165	238.5553
70	100.4670	20.0934	11.1492	94.0907	218.9943
80	100.4000	20.0800	11.0242	94.3103	218.3755
90	85.3000	17.0600	11.0813	108.3081	240.6272
100	86.1667	17.2333	11.1810	106.9879	233.8583
110	93.7000	18.7400	11.4075	101.6100	248.0715
120	82.8000	16.5600	11.0611	110.1486	235.0447
130	60.3333	12.0667	11.1264	142.8402	245.4151
140	111.0670	22.2134	11.2971	88.4108	222.7358
150	67.5000	13.5000	11.1931	130.2124	246.0978

表 5.21　节点初始能量变化情况下 FLOODING 协议的仿真结果

节点初始能量/J	接收分组数量/个	分组投递率/%	端对端延迟/s	平均能量消耗/J	平均冲突/个
60	134.0000	26.8000	1.4828	496.7925	19075
70	161.4670	32.2934	1.5181	477.6233	18251
80	190.3000	38.0600	1.5230	460.5234	17418
90	222.2000	44.4400	1.5223	441.1485	16510
100	257.8000	51.5600	1.5298	421.3732	15556
110	290.5000	58.1000	1.5189	409.4251	14885
120	324.0330	64.8066	1.5110	400.3234	14395
130	352.7000	70.5400	1.5081	397.2073	14154
140	377.4000	75.4800	1.4758	396.0493	14060
150	411.8670	82.3734	1.4680	388.6497	13633

表 5.22　节点初始能量变化情况下 FP-FLOODING 协议的仿真结果

节点初始能量/J	接收分组数量/个	分组投递率/%	端对端延迟/s	平均能量消耗/J	平均冲突/个
60	138.7670	27.7534	1.4912	475.5994	17424
70	170.0670	34.0134	1.4988	448.9525	16243
80	201.0670	40.2134	1.5005	431.8386	15464
90	236.6000	47.3200	1.5093	410.0309	14514
100	276.2000	55.2400	1.4997	389.3447	13599
110	308.1330	61.6266	1.5091	382.9872	13184
120	342.4670	68.4934	1.4945	374.8507	12772
130	378.0000	75.6000	1.4953	367.1058	12349
140	404.5000	80.9000	1.4699	367.0136	12308
150	410.3670	82.0734	1.4296	377.6912	12719

节点初始能量对接收分组数量的影响如图 5.18 所示。可以看出，随着节点初始能量的不断增加，ALRP 和 HH-VBF 协议的性能先增加然后保持平稳，FLOODING 协议和 FP-FLOODING 协议的性能逐渐增加，VBF 协议的性能基本保持平稳。对于 ALRP 和 HH-VBF 协议，当节点初始能量小于 80J 时，节点的初始能量对目的节点接收分组影响较大，节点初始能量越大，节点参与转发分组的次数越多，因此接收分组数量随节点初始能量的增加而增加。当节点的初始能量大于 80J 时，节点的能量已经足够，因此目的节点接收分组数量保持平稳。对于 FLOODING 协议和 FP-FLOODING 协议而言，随着节点初始能量的增加，节点参与转发分组的次数增加，因此目的节点接收数量逐渐增加。对于 VBF 协议而言，随着节点初始能量的增加，参与转发分组的节点受单一的路由管道限制，因此目的节点接收数量基本保持平稳。ALRP 的性能分别比 HH-VBF 协议、VBF 协议、FLOODING 协议和 FP-FLOODING 协议高出 12%、396%、72%和 63%。原因在于，ALRP 采用的转发区域策略、自适应转发概率和自适应延迟可以提高转发效率，增加目的节点接收分组的数量。同理，可以解释图 5.19 显示的五种协议分组投递率随节点初始能量变化的情况。

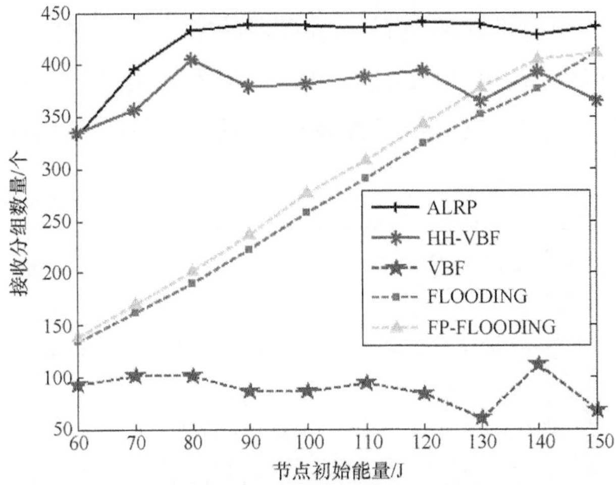

图 5.18　节点初始能量对接收分组数量的影响

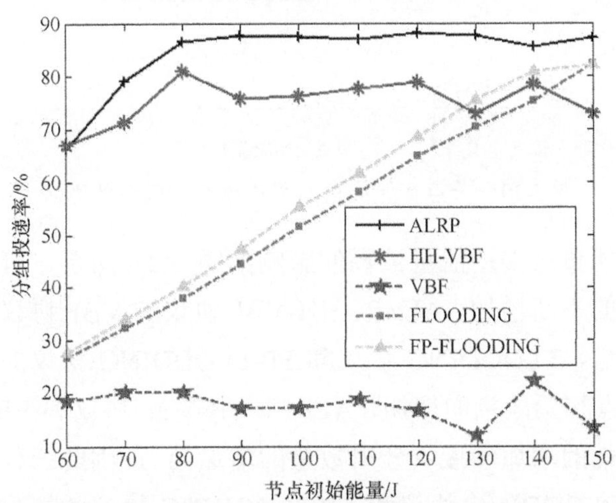

图 5.19　节点初始能量对分组投递率的影响

节点初始能量对平均端对端延迟的影响如图 5.20 所示。可以看出，随着节点初始能量的不断增加，五种协议的性能基本保持平稳。网络场景大小固定，网络中节点的通信半径固定，源节点和目的节点之间的跳数在一定范围内固定，因此五种协议的平均端对端延迟基本保持平稳。ALRP 的性能分别比 HH-VBF 协议和 VBF 协议少 22%和 25%，不如 FLOODING 协议和 FP-FLOODING 协议。相比 HH-VBF 协议和 VBF 协议，ALRP 采用自适应转发延迟策略，倾向于让距离目的节点近的节点优先转发分组，从而改善平均端对端延迟性能。相比 FLOODING 协议和 FP-FLOODING 协议接收到非重复分组后立刻转发分组，ALRP 难以在平均端对端延迟性能方面占据优势。

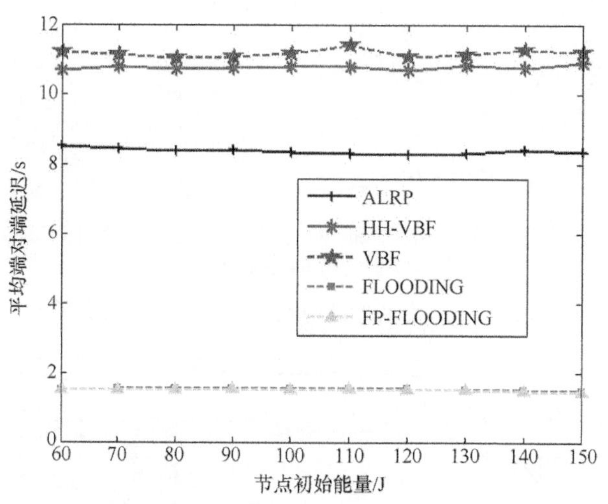

图 5.20　节点初始能量对平均端对端延迟的影响

节点初始能量对平均能量消耗的影响如图 5.21 所示。可以看出，随着节点初始能量的不断增加，ALRP、HH-VBF 协议和 VBF 协议的平均能量消耗基本保持平稳，FLOODING 协议和 FP-FLOODING 协议的性能呈现下降趋势。随着节点初始能量的增加，ALRP、HH-VBF 协议和 VBF 协议三种协议总的能量消耗的增加和接收分组数量的增加相当，因此三种协议的性能基本保持稳定；FLOODING 协议和 FP-FLOODING 协议的接收分组数量随着节点初始能量的增加而增加，因此两种协议的性能呈现出下降趋势。ALRP 的平均能量消耗分别比 VBF 协议、FLOODING 协议和 FP-FLOODING 协议少 21%、81%和 80%，不如 HH-VBF 协议。相比 VBF 协议，ALRP 总的能量消耗相对大，目的节点接收分组数量相对更大，因此 ALRP 的平均能量消耗较少。相比 FLOODING 协议和 FP-FLOODING 协议，ALRP 总的能量消耗较少，目的节点接收分组数量较大，因此具有更好的平均能量消耗性能。相比 HH-VBF 协议，ALRP 的能量消耗相对大，目的节点接收分组数量相对

多，前者影响相对大，因此 ALRP 的平均能量消耗不如 HH-VBF 协议。

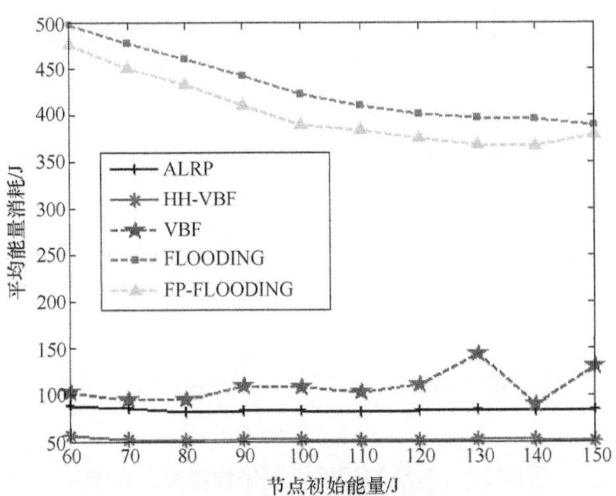

图 5.21　节点初始能量对平均能量消耗的影响

节点初始能量对平均冲突的影响如图 5.22 所示。可以看出，随着节点初始能量的不断增加，ALRP、HH-VBF 协议和 VBF 协议的平均冲突基本保持平稳，FLOODING 协议和 FP-FLOODING 协议的性能呈现出下降趋势。随着节点初始能量的增加，ALRP、HH-VBF 协议和 VBF 协议总的冲突的增加和接收分组数量的增加相当，因此三种协议的平均冲突基本保持稳定；FLOODING 协议和 FP-FLOODING 协议的接收分组数量随着节点初始能量的增加而增加，因此两种协议的平均冲突呈现下降趋势。ALRP 的平均冲突比 FLOODING 协议和 FP-FLOODING 协议好，不如 HH-VBF 协议和 VBF 协议。相比 FLOODING 协议和 FP-FLOODING 协议，ALRP 采用转发区域和转发延迟策略，减少参与转发节点的数量，从而减少总的冲突数量。同时，ALRP 拥有更好的接收分组数量，因此可以获得良好的平均冲突。相比 HH-VBF 协议和 VBF 协议，ALRP 拥有更好的接收分组数量，但是也拥有更多的节点参与转发分组，会产生更多的冲突，因此其性能不如 HH-VBF 协议和 VBF 协议。

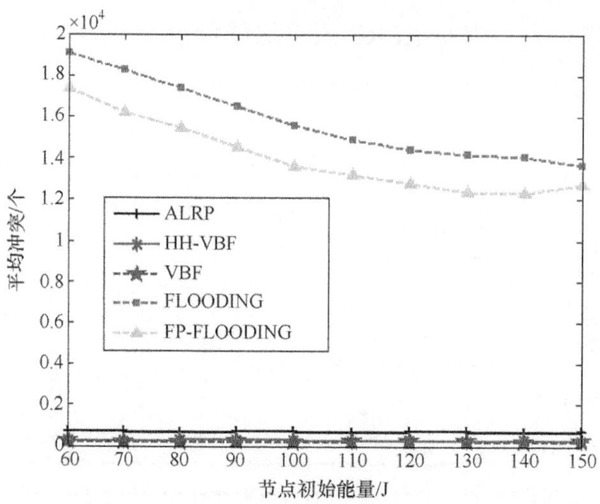

图 5.22　节点初始能量对平均冲突的影响

5. 验证水下深度对协议性能的影响

改变水下深度，得到性能随水下深度变化的情况。水下深度 h 在 600~1000m 变化。网络场景空间为 800m×800m×h m。网络中的节点数量为 1200 个。节点的最大移动速度为 3m/s，最小移动速度为 0.2m/s。节点的初始能量为 100J。源节点的发包间隔为 1s，初始位置为(400, 400, 0)，目的节点的位置固定在(400, 400, h)。仿真结果如表 5.23~表 5.27 所示。

表 5.23　水下深度变化情况下 ALRP 的仿真结果

水下深度/m	接收分组数量/个	分组投递率/%	端对端延迟/s	平均能量消耗/J	平均冲突/个
600	413.43	82.687	6.1859	70.445	640.49
700	391	78.2	7.4007	70.072	557.22
800	347.47	69.493	8.6071	72.735	508.71
900	381.93	76.387	9.7218	75.303	524.01
1000	331.7	66.34	11.09	76.882	466.22

表 5.24　水下深度变化情况下 HH-VBF 协议的仿真结果

水下深度/m	接收分组数量/个	分组投递率/%	端对端延迟/s	平均能量消耗/J	平均冲突/个
600	378.77	75.753	7.9637	44.821	258.2
700	331.97	66.393	9.4306	48.403	248.53

续表

水下深度/m	接收分组数量/个	分组投递率/%	端对端延迟/s	平均能量消耗/J	平均冲突/个
800	306.13	61.227	11.011	49.349	213.84
900	298.23	59.647	12.458	51.338	208.88
1000	252.03	50.407	13.979	56.801	204.01

表 5.25　水下深度变化情况下 VBF 协议的仿真结果

水下深度/m	接收分组数量/个	分组投递率/%	端对端延迟/s	平均能量消耗/J	平均冲突/个
600	115.57	23.113	8.0312	5.98	143.59
700	68.633	13.727	9.5974	117.05	135.14
800	76.533	15.307	11.189	107.78	124.29
900	55.9	11.18	12.841	143.49	127.95
1000	34.933	6.9867	14.417	219.85	146.52

表 5.26　水下深度变化情况下 FLOODING 协议的仿真结果

水下深度/m	接收分组数量/个	分组投递率/%	端对端延迟/s	平均能量消耗/J	平均冲突/个
600	248.8	49.76	1.2943	443.53	19717
700	263.43	52.687	1.4089	413.71	16000
800	261.27	52.253	1.524	412.31	14784
900	267.47	53.493	1.6552	399.68	13332
1000	278.83	55.767	1.7809	378.08	11572

表 5.27　水下深度变化情况下 FP-FLOODING 协议的仿真结果

水下深度/m	接收分组数量/个	分组投递率/%	端对端延迟/s	平均能量消耗/J	平均冲突/个
600	269.7	53.94	1.271	404.29	16508
700	272.8	54.56	1.3922	390.38	14360
800	273.37	54.673	1.5047	390.09	13362
900	275.2	55.04	1.6421	376.24	11790
1000	293.43	58.687	1.7654	352.88	10209

水下深度对接收分组数量的影响如图 5.23 所示。可以看出，随着水下深度的不断增加，源节点和目的节点之间的距离不断增加，源节点和目的节点之间分组传输的跳数不断增加，ALRP、HH-VBF 协议和 VBF 协议三种协议

的接收分组数量逐渐减少，而 FLOODING 协议和 FP-FLOODING 协议的接收分组数量呈现出逐渐增加的趋势。随着水下深度的不断增加，网络空间逐渐变大，源节点和目的节点之间的距离和传输跳数不断增加，网络中节点的密度不断减少，因此 ALRP、HH-VBF 协议和 VBF 协议接收分组的数量逐渐减少。随着水下深度的逐渐增加，网络空间逐渐变大，网络中节点密度不断减少，冲突数量不断减少，因此 FLOODING 协议和 FP-FLOODING 协议的性能逐渐增加。ALRP 的性能分别比 HH-VBF 协议、VBF 协议、FLOODING 协议和 FP-FLOODING 协议高出 20%、503%、42%和 35%。原因在于，ALRP 采用转发区域、自适应转发概率和自适应转发延迟三种策略，让靠近目的节点的中间节点优先转发分组，提高转发分组的效率和接收分组的数量。同理，可以解释图 5.24 显示的分组投递率随水下深度变化的情况。

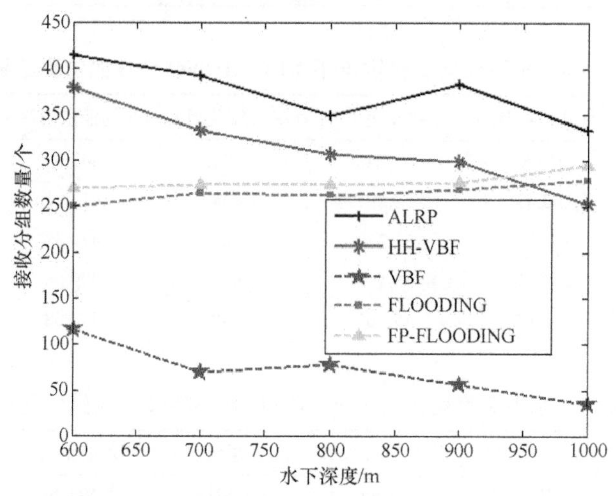

图 5.23　水下深度对接收分组数量的影响

水下深度对平均端对端延迟的影响如图 5.25 所示。可以看出，随着水下深度的不断增加，源节点和目的节点之间的距离不断增加，源节点和目的节点之间分组传输的跳数不断增加，五种协议的平均端对端延迟呈现出逐渐增加的趋势。随着水下深度的不断增加，网络空间逐渐变大，源节点和目的节点之间的距离逐渐增加，源节点和目的节点之间传输分组的跳数也不断增加，分组在传输过程中的传输延迟和与跳数相关，因此五种协议的平均端对端延迟不断增加。ALRP 的性能分别比 HH-VBF 协议和 VBF 协议少 22%和

23%，不如 FLOODING 协议和 FP-FLOODING 协议。相比 HH-VBF 协议和 VBF 协议，ALRP 采用转发区域和自适应转发延迟策略，且拥有更高的接收分组数量，因此拥有更好的平均端对端延迟性能。相比 FLOODING 协议和 FP-FLOODING 协议接收到非重复分组后立即转发，ALRP 尽管拥有更高的接收分组数量，但是会产生更多的延迟，因此 ALRP 的平均端对端延迟不如 FLOODING 协议和 FP-FLOODING 协议。

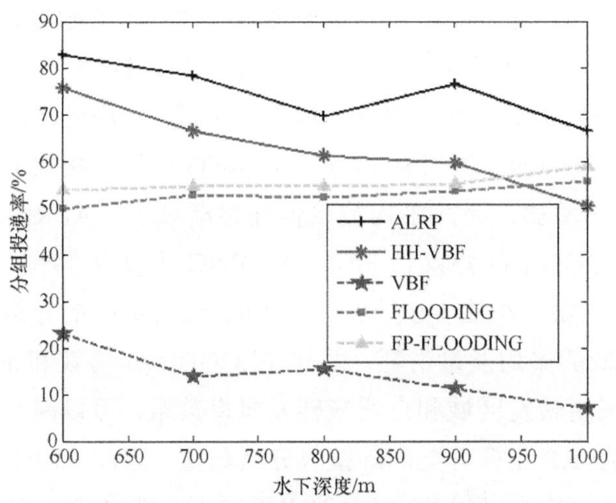

图 5.24　水下深度对分组投递率的影响

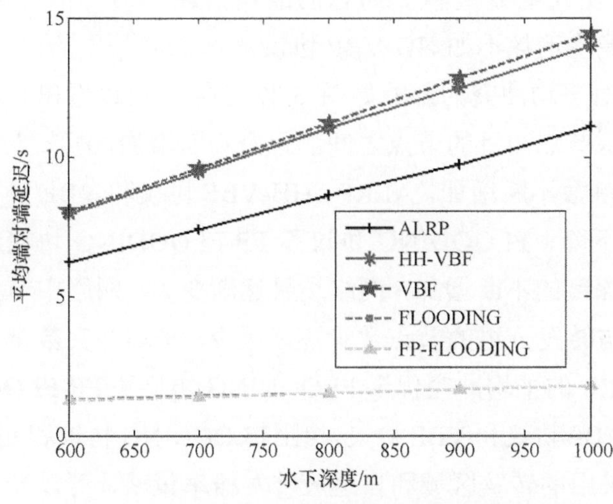

图 5.25　水下深度对平均端对端延迟的影响

水下深度对平均能量消耗的影响如图 5.26 所示。可以看出，随着水下深度的不断增加，源节点和目的节点之间的距离不断增加，源节点和目的节点之间分组传输的跳数不断增加，ALRP 和 HH-VBF 协议的性能基本保持平稳，VBF 协议的性能逐渐增加，FLOODING 协议和 FP-FLOODING 协议的性能逐渐下降。随着水下深度的不断增加，网络场景逐渐变大，网络中节点的密度逐渐减少。对 ALRP 和 HH-VBF 协议而言，参与转发分组的节点逐渐减少，消耗的总能量逐渐减少，目的节点接收分组的数量逐渐减少，两者减少的程度相当，因此两种协议的平均能量消耗保持稳定。对于 VBF 协议而言，接收分组数量随着水下深度的增加不断减少，因此平均能量消耗逐渐增加。对于 FLOODING 协议和 FP-FLOODING 协议，接收分组数量随着水下深度的增加而增加，因此平均能量消耗逐渐减少。ALRP 的性能分别比 VBF 协议、FLOODING 协议和 FP-FLOODING 协议少 39%、82%和 81%，不如 HH-VBF 协议。相比 VBF 协议，ALRP 拥有更高的分组接收数量，因此可以获得更低的平均能量消耗。相比 FLOODING 协议和 FP-FLOODING 协议，ALRP 采用转发区域和自适应转发概率策略，可以减少参与转发分组的节点数量。ALRP 还拥有更高的接收分组数量，因此 ALRP 的平均能量消耗优于 FLOODING 协议和 FP-FLOODING 协议。相比 HH-VBF 协议，ALRP 拥有更好的接收分组数量和更高总的能量消耗，后者的影响更大，因此 ALRP 的平均能量消耗不如 HH-VBF 协议。

水下深度对平均冲突的影响如图 5.27 所示。可以看出，随着水下深度的不断增加，源节点和目的节点之间的距离不断增加，源节点和目的节点之间分组传输的跳数不断增加，ALRP、HH-VBF 协议和 VBF 协议的性能基本保持平稳略有下降，FLOODING 协议和 FP-FLOODING 协议的性能逐渐下降。随着水下深度的不断增加，网络场景逐渐变大，网络中节点的密度逐渐减少，因此参与转发分组的节点数量逐渐减少，平均冲突数量呈现出逐渐减少的趋势。ALRP 的平均冲突优于 FLOODING 协议和 FP-FLOODING 协议，但是不如 HH-VBF 协议和 VBF 协议。相比 FLOODING 协议和 FP-FLOODING 协议，ALRP 采用的转发区域和自适应转发概率策略，可以减少参与转发分组的节点的数量，从而减少总的冲突的数量，加上 ALRP 拥有更高的接收分组数量，因此 ALRP 的平均冲突少于 FLOODING 协议和 FP-FLOODING 协议。相比 HH-VBF 协议和 VBF 协议，ALRP 拥有更好的接收分组数量，但是其产生的总的冲突数量更多，因此其平均冲突性能不如 HH-VBF 协议和 VBF 协议。

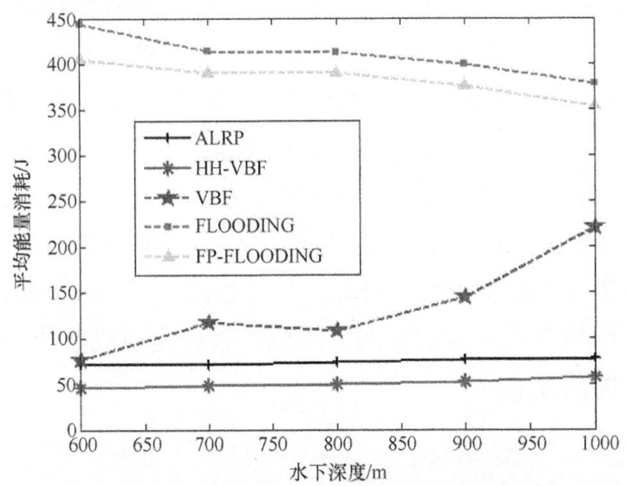

图 5.26　水下深度对平均能量消耗的影响

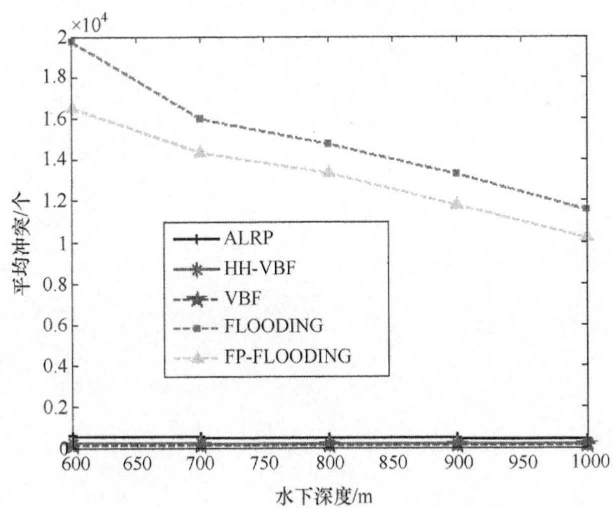

图 5.27　水下深度对平均冲突的影响

5.3.4 总结

本章提出一种三维 UASNs 的自适应地理位置的路由协议，提出一种新的方法定义转发区域，并自适应调节转发概率和转发延迟，从而提高三维 UASNs 的网络性能。应用 Aqua-sim 实现 ALRP，并对协议的性能进行大量场景下的仿真验证，仿真结果证明了 ALRP 的有效性和可行性。Aqua-sim 是基于 NS-2 实现的，其使用方法和流程与 NS-2 基本一致。在三维 UASNs 路由协议仿真方面，国内外学者主要使用 NS-2、NS-3 和 OMNeT++。由于水下环境复杂，目前还没有完善的 UASNs 仿真软件。Aqua-sim 是在 NS-2 的基础上，添加 UASNs 仿真模块实现的。Aqua-sim 自诞生之日起，很多研究者就用它从事 UASNs 领域的研究。尽管如此，与 NS-2 相比，Aqua-sim 在可扩展性方面仍存在一定的差距。因此，设计实现成熟的 UASNs 仿真软件是一个重要的研究方向。

参 考 文 献

[1] 徐雷鸣, 庞博, 赵耀. NS 与网络模拟. 北京: 人民邮电出版社, 2003.
[2] 于斌, 孙斌, 温暖, 等. NS2 与网络模拟. 北京: 人民邮电出版社, 2007.
[3] 方路平, 刘世华, 陈盼, 等. NS-2 网络模拟基础与应用. 北京: 国防工业出版社, 2008.
[4] Teerawat I, Ekram H. Introduction to Network Simulator NS2. Boston: Springer, 2009.
[5] 王庆文, 戚茜, 程伟, 等. 一种新的三维 FANETs 跨层自适应广播协议. 电子与信息学报, 2017, 39 (5): 1200-1205.
[6] Sami O O, Abderrahmane L, Zhou F, et al. Intelligent UAV-assisted routing protocol for urban VANETs. Computer Communications, 2017, 107 (Supplement C): 93-111.
[7] Hu T S, Fei Y S. QELAR: A machine-learning-based adaptive routing protocol for energy-efficient and lifetime-extended underwater sensor networks. IEEE Transactions on Mobile Computing, 2010, 9 (6): 796-809.
[8] 王庆文, 刘刚, 李智, 等. 水下无线传感器网络自适应转发协议. 西北工业大学学报, 2015, 33 (1): 165-170.
[9] Luis F J, Pablo I, Manuel D, et al. Analysis of source code metrics from Ns-2 and Ns-3 network simulators. Simulation Modelling Practice and Theory, 2011, 19 (5): 1330-1346.
[10] 马春光, 姚建盛. Ns-3 网络模拟器基础及应用. 北京: 人民邮电出版社, 2014.
[11] 周迪之. 开源网络模拟器 Ns-3 架构与实践. 北京: 机械工业出版社, 2018.
[12] 张林波, 刘彤, 李笑歌, 等. OMNet++与无线通信网络仿真. 哈尔滨: 哈尔滨工业大学出版社, 2020.
[13] 王俊义, 魏延恒, 仇洪冰, 等. OMNet++网络仿真. 西安: 西安电子科技大学出版社, 2014.
[14] 夏锋. OMNeT++网络仿真. 北京: 清华大学出版社, 2013.
[15] 赵永利, 张杰. OMNeT++与网络仿真. 北京: 人民邮电出版社, 2012.
[16] Antonio V, Michael K. Recent Advances in Network Simulation: The OMNeT++ Environment and Its Ecosystem. Switzerland: Springer, 2019.
[17] Thomas C. Learning Omnet++. Birmingham: PACKET Publishing, 2013.
[18] 龙华. OPNET Modeler 与计算机网络仿真. 西安: 西安电子科技大学出版社, 2006.
[19] 陈敏. OPNET 物联网仿真：基于 5G 通信与计算的物联网智能应用. 武汉: 华中科技大学出版社, 2018.
[20] Adarshpal S S, Vasil Y H. The Practical OPNET User Guide for Computer Network Simulation. Boca Raton: CRC, 2019.
[21] Lu Z, Yang H J. Unlocking the Power of OPNET Modeler. Cambridge: Cambridge University Press, 2012.

[22] 郜林. 基于 OPNET 的通信网仿真. 西安: 西安电子科技大学出版社, 2018.

[23] Jaiswal K. Simulation of Manet Using Glomosim Network Simulator. Saarbrucke: LAP LAMBERT Academic Publishing, 2014.

[24] Ayyaswamy K. Introduction to Glomosim. Saarbrucken: LAP LAMBERT Academic Publishing, 2011.

[25] Reina D G, Toral S L, Johnson P, et al. A survey on probabilistic broadcast schemes for wireless Ad Hoc networks. Ad Hoc Networks, 2015, 25: 263-292.

[26] Muhammad S, Di Caro G A, Muddassar F. Swarm intelligence based routing protocol for wireless sensor networks. Survey and future directions. Information Sciences, 2011, 181 (20): 4597-4624.

[27] 王庆文. 高动态飞行自组织网络群智能路由技术. 北京: 科学出版社, 2019.

[28] 柯志亨, 程荣祥, 邓德隽. NS2 仿真实验——多媒体和无线网络通信. 北京: 电子工业出版社, 2009.

[29] 黄化吉, 冯穗力, 秦丽娇, 等. NS 网络模拟和协议仿真. 北京: 人民邮电出版社, 2010.

[30] Reina D G, Toral S L, Johnson P, et al. A survey on probabilistic broadcast schemes for wireless Ad Hoc networks. Ad Hoc Networks, 2015, 25: 263-292.

[31] Mohammad N, Kemal T. Game theoretic approach in routing protocol for wireless Ad Hoc networks. Ad Hoc Networks, 2009, 7: 569-578.

[32] Lysiuk I S, Haas Z J. Controlled gossiping in Ad Hoc networks// Proceedings of the Wireless Communications and Networking Conference, 2010: 127-139.

[33] Axel W, Horst H, Stefan F, et al. AutoCast: An adaptive data dissemination protocol for traffic information systems// Proceedings of the Vehicular Technology Conference, 2007: 1947-1951.

[34] Julien C, David S. Border node retransmission based probabilistic broadcast protocols in ad-hoc networks// Proceedings of the 36th Annual Hawaii International Conference on System Sciences, 2003: 125-133.

[35] Hanashi A M , Aamir S, Irfan A, et al. Performance evaluation of dynamic probabilistic broadcasting for flooding in mobile Ad Hoc networks. Simulation Modelling Practice and Theory, 2009, 17 (2): 364-375.

[36] 王庆文, 戚茜, 程伟, 等. 一种基于节点度估计和静态博弈转发策略的 Ad Hoc 网络路由协议. 软件学报, 2020, 31 (6): 1802-1816.

[37] Perkins C E, Royer E M. Ad-Hoc on-demand distance vector routing// Proceedings of the Mobile Computing Systems and Applications, 1999: 90-100.

[38] Johnson D B, Maltz D A, Hu Y C, et al. The dynamic source routing protocol for mobile Ad Hoc networks (DSR). IETF Internet Draft, 2002.

[39] Reina D, Toral S, Jonhson P, et al. Hybrid flooding scheme for mobile Ad Hoc networks. IEEE Communications Letters, 2013, (99): 1-4.

[40] Zhang X M, Wang E B, Xia J J, et al. A neighbor coverage-based probabilistic rebroadcast for reducing routing overhead in mobile Ad Hoc networks. IEEE Transactions on Mobile

Computing, 2013, 12 (3): 424-433.

[41] Zhang X M, Wang E B, Xia J J, et al. An estimated distance-based routing protocol for mobile Ad Hoc networks. IEEE Transactions on Vehicular Technology, 2011, 60 (7): 3473-3484.

[42] Vieira L F M, Almiron M G, Loureiro A A F. Link probability, node degree and coverage in three-dimensional networks. Ad Hoc Networks, 2016, 37: 153-159.

[43] Yoo Y, Agrawal D P. Optimal transmission power with delay constraints in 2D and 3D MANETs. Journal of Parallel and Distributed Computing, 2011, 71 (11): 1484-1496.

[44] Yoo Y, Agrawal D P. Optimal transmission range with delay constraints for homogeneous MANETs// Proceedings of the World of Wireless, Mobile and Multimedia Networks, 2007: 1-4.

[45] Zhu J Q, Ma C M, Liu M, et al. Data delivery for vehicular Ad Hoc networks based on parking backbone. Journal of Software, 2016, 27 (2): 432-450.

[46] Zhao H, Liu M, Liu N B, et al. Parked-vehicle assisted data dissemination paradigm for urban vehicular Ad Hoc networks. Journal of Software, 2015, 26 (2): 1499-1515.

[47] 祝小平, 周洲. 无人机协同路径规划. 北京: 国防工业出版社, 2013.

[48] 黄长强, 翁兴伟, 王勇, 等. 多无人机协同作战技术. 北京:国防工业出版社, 2012.

[49] 黄长强, 曹林平, 翁兴达, 等. 无人机作战飞机精确打击技术. 北京:国防工业出版社, 2011.

[50] Gupta L, Jain R, Vaszkun G. Survey of important issues in UAV communication networks. IEEE Communications Surveys & Tutorials, 2016, 18 (2): 1123-1152.

[51] Oubbati O S, Lakas A, Zhou F, et al. Intelligent UAV-assisted routing protocol for urban VANETs. Computer Communications, 2017, 107: 93-111.

[52] Mozaffari M, Saad W, Bennis M, et al. A tutorial on UAVs for wireless networks: applications, challenges, and open problems. IEEE Communications Surveys & Tutorials, 2019, 21 (3): 2334-2360.

[53] Hayat S, Yanmaz E, Muzaffar R. Survey on unmanned aerial vehicle networks for civil applications: A communications viewpoint. IEEE Communications Surveys & Tutorials, 2016, 18 (4): 2624-2661.

[54] Bekmezci I, Sahingoz O K, Temel S. Flying Ad-Hoc networks (FANETs): A survey. Ad Hoc Networks, 2013, 11 (3): 1254-1270.

[55] Oubbati O S, Atiquzzaman M, Lorenz P, et al. Routing in flying Ad Hoc networks: Survey, constraints, and future challenge perspectives. IEEE Access, 2019, 7: 81057-81105.

[56] Zafar W, Khan B M. Flying Ad-Hoc networks: Technological and social implications. IEEE Technology and Society Magazine, 2016, 35 (2): 67-74.

[57] Chriki A, Touati H, Snoussi H, et al. FANET: Communication, mobility models and security issues. Computer Networks, 2019, 163: 1-17.

[58] Antonio G P, Cano M D. Flying Ad Hoc networks: A new domain for network communications. Sensors, 2018, 18 (3571): 1-23.

[59] Oubbati O S, Lakas A, Zhou F, et al. A survey on position-based routing protocols for flying Ad Hoc networks (FANETs). Vehicular Communications, 2017, 10: 29-56.

[60] Bujari A, Calafate C T, Cano J C, et al. Flying Ad Hoc network application scenarios and mobility models. International Journal of Distributed Sensor Networks, 2017, 13 (10): 1-17.

[61] Al-Turjman F, Abujubbeh M, Malekloo A, et al. UAVs assessment in software-defined IoT networks: An overview. Computer Communications, 2020, 150: 519-536.

[62] Zeng Y, Zhang R, Lim T J. Wireless communications with unmanned aerial vehicles: Opportunities and challenges. IEEE Communications Magazine, 2016, 54 (5): 36-42.

[63] Huang H, Yin H, Luo Y, et al. Three-dimensional geographic routing in wireless mobile Ad Hoc and sensor networks. IEEE Network, 2016, 30 (2): 82-90.

[64] Bousbaa F Z, Kerrache C A, Mahi Z, et al. GeoUAVs: A new geocast routing protocol for fleet of UAVs. Computer Communications, 2020, 149: 259-269.

[65] Radley S, Sybi C, Premkumar K. Multi information amount movement aware-routing in FANET: Flying Ad-Hoc networks. Mobile Networks and Applications, 2019, 6: 1-13.

[66] 谢蓬城. 基于动态拓扑和网络开销的海洋 FANETs 路由协议改进研究. 北京: 北京邮电大学, 2019.

[67] He Y, Tang X, Zhang R, et al. A course-aware opportunistic routing protocol for FANETs. IEEE Access, 2019, 7: 144303-144312.

[68] Jung W, Yim J, Ko Y. QGeo: Q-learning-based geographic Ad Hoc routing protocol for unmanned robotic networks. IEEE Communications Letters, 2017, 21 (10): 2258-2261.

[69] Liu J, Wang Q, He C, et al. QMR: Q-learning based Multi-objective optimization routing protocol for flying Ad Hoc networks. Computer Communications, 2020, 150: 304-316.

[70] Yang H, Liu Z. An optimization routing protocol for FANETs. EURASIP Journal on Wireless Communications and Networking, 2019, (1): 120.

[71] Gupta N K, Yadav R S, Nagaria R K. 3D geographical routing protocols in wireless Ad Hoc and sensor networks: An overview. Wireless Networks, 2019, 4: 67-79.

[72] Wang Y, Yi C W, Huang M, et al. Three-dimensional greedy routing in large-scale random wireless sensor networks. Ad Hoc Networks, 2013, 11 (4): 1331-1344.

[73] Flury R, Wattenhofer R R. Randomized 3D geographic routing// Proceedings of the INFOCOM, 2008: 834-842.

[74] Liu C, Wu J. Efficient geometric routing in three dimensional Ad Hoc networks// Proceedings of the INFOCOM, 2009: 2751-2755.

[75] Abdallah A E, Abdallah E E, Bsoul M, et al. Randomized geographic-based routing with nearly guaranteed delivery for three-dimensional Ad Hoc network. International Journal of Distributed Sensor Networks, 2016, 12 (10): 1-11.

[76] Pires R M, Pinto A S R, Branco K R. The broadcast storm problem in FANETs and the dynamic neighborhood-based algorithm as a countermeasure. IEEE Access, 2019, 7: 59737-59757.

[77] Wang Q, Liu G, Li Z, et al. An adaptive forwarding protocol for three dimensional flying Ad

Hoc networks// Proceedings of the 2015 IEEE 5th International Conference on Electronics Infornation and Energency Communication, 2015: 142-145.

[78] Bujari A, Palazzi C E, Ronzani D. A comparison of stateless position-based packet routing algorithms for FANETs. IEEE Transactions on Mobile Computing, 2018, 17 (11): 2468-2482.

[79] Bujari A, Gaggi O, Palazzi C E, et al. Would current Ad-Hoc routing protocols be adequate for the internet of vehicles? A comparative study. IEEE Internet of Things Journal, 2018, 5 (5): 3683-3691.

[80] Mahmud I, Cho Y. Adaptive hello interval in FANET routing protocols for green UAVs. IEEE Access, 2019, 7: 63004-63015.

[81] Zheng Z, Sangaiah A K, Wang T. Adaptive communication protocols in flying Ad Hoc network. IEEE Communications Magazine, 2018, 56 (1): 136-142.

[82] Rosati S, Krużelecki K, Heitz G, et al. Dynamic routing for flying Ad Hoc networks. IEEE Transactions on Vehicular Technology, 2016, 65 (3): 1690-1700.

[83] Sharma V, Kumar R, Kumar N. DPTR: Distributed priority tree-based routing protocol for FANETs. Computer Communications, 2018, 122: 129-151.

[84] Carmen D M. An overview of the internet of underwater things. Journal of Network Computer Applications, 2012, 35 (6): 1879-1890.

[85] Aslam S, Ejaz W, Ibnkahla M. Energy and spectral efficient cognitive radio sensor networks for internet of things. IEEE Internet of Things Journal, 2018, 5 (4): 3220-3233.

[86] Wahid A, Kim D Y. An energy efficient localization-free routing protocol for underwaterwireless sensor networks. International Journal of Distributed Sensor Networks, 2012, 1: 1-11.

[87] Fu X W, Fortino G B, Pace B P, et al. Environment-fusion multipath routing protocol for wireless sensor networks. Information Fusion, 2020, 53: 4-19.

[88] Casadei R, Fortino G, Pianini D, et al. Modelling and simulation of opportunistic IoT services with aggregate computing. Future Generation Computer Systems, 2019, 91: 252-262.

[89] Wang Q, Li J, Qi Q, et al. A game-theoretic routing protocol for 3-D underwater acoustic sensor networks. IEEE Internet of Things Journal, 2020, 7 (10): 9846-9857.

[90] Kheirabadi M T, Mohamad M M. Greedy routing in underwater acoustic sensor networks: A survey. International Journal of Distributed Sensor Networks, 2013,7: 1-21.

[91] Akyildiz I F, Pompili D, Melodia T. Underwater acoustic sensor networks: Research challenges. Ad Hoc Networks, 2005, 3 (3): 257-279.

[92] Li J H, Zakharov Y V, Henson B. Multibranch autocorrelation method for Doppler estimation in underwater acoustic channels. IEEE Journal of Oceanic Engineering, 2018, 43 (4): 1099-1113.

[93] Li J H, Bai Y C, Zhang Y W, et al. Cross power spectral density based beamforming for underwater acoustic communications. Ocean Engineering, 2020, 216: 107786-107797.

[94] Li J, Zakharov Y V. Efficient use of space-time clustering for underwater acoustic communications. IEEE Journal of Oceanic Engineering, 2018, 43 (1): 173-183.

[95] Li J H, White P R, Bull J M, et al. A noise impact assessment model for passive acoustic measurements of seabed gas fluxes. Ocean Engineering, 2019, 183: 294-304.

[96] Wang Q, Li J, Qi Q, et al. An adaptive location-based routing protocol for 3D underwater acoustic sensor networks. IEEE Internet of Things Journal, 2021, 8(8): 6853-6864.

[97] Ayaz M, Baig I, Abdullah A, et al. A survey on routing techniques in underwater wireless sensor networks. Journal of Network and Computer Applications, 2011, 34(6): 1908-1927.

[98] Yadav A K, Das Santosh K, Tripathi S. EFMMRP: Design of efficient fuzzy based multi-constraint multicast routing protocol for wireless Ad-Hoc network. Computer Networks, 2017, 118: 15-23.

[99] Wadhwa L K, Deshpande R S, Vishnu P. Extended shortcut tree routing for ZigBee based wireless sensor network. Ad Hoc Networks, 2016, 37(2): 295-300.

[100] Yan H, Shi Z J, Cui J H. DBR: Depth-based routing for underwater sensor networks//Ad Hoc and Sensor Networks, Wireless Networks, Next Generation Internet, 2008, 11: 72-86.

[101] Guan Q S, Ji F, Liu Y, et al. Distance-vector based opportunistic routing for underwater acoustic sensor networks. IEEE Internet of Things Journal, 2019, 6 (2): 3931-3839.

[102] Yu H T, Yao N M, Wang T, et al. WDFAD-DBR: Weighting depth and forwarding area division DBR routing protocol for UASNs. Ad Hoc Networks, 2016, 37: 256-282.

[103] Noh Y, Lee U, Lee S, et al. HydroCast: Pressure routing for underwater sensor networks. IEEE Transactions on Vehicular Technology, 2016, 65 (1): 333-347.

[104] Noh Y, Lee U, Wang P, et al. VAPR: Void-aware pressure routing for underwater sensor networks. IEEE Transactions on Mobile Computing, 2010, 12 (5): 1676-1684.

[105] Xie P, Cui J H, Lao L. VBF: Vector-based forwarding protocol for underwater sensor networks// Proceedings of the Networking 2006. Networking Technologies, Services, and Protocols; Performance of Computer and Communication Networks; Mobile and Wireless Communications Systems, 2006: 1216-1221.

[106] Nicolaou N, See A, Xie P, et al. Improving the robustness of location-based routing for underwater sensor networks// Proceedings of the OCEANS, 2007: 1-6.

[107] Yu H T, Yao N M, Liu J B. An adaptive routing protocol in underwater sparse acoustic sensor networks. Ad Hoc Networks, 2015, 34: 121-143.

[108] Xie P, Zhou Z, Peng Z, et al. Aqua-Sim: An NS-2 based simulator for underwater sensor networks// Proceedings of the OCEANS 2009, MTS/IEEE Biloxi-Marine Technology for Our Future: Global and Local Challenges, 2009: 391-398.